Friederike von der Marwitz
Lady in Business

Gewidmet meinem Mann Heino
und meinen Kindern Katherine-Elizabeth
und Maximilian York-Friedrich

Friederike
von der Marwitz

Lady
in Business

Spielregeln
in einer
globalisierten Welt

Marwitz Verlag

INHALTSVERZEICHNIS

VORWORT

Ich widme dieses Buch all den Frauen, die sich trotz ihres umfangreichen familiären Mehrfachberufes (Erzieherin, Krankenschwester, Psychologin, Haushälterin, Lehrerin, Putzfrau, Köchin u.a.) ebenso in der Welt des »Business« behaupten können und für den Aufschwung der Wirtschaft unersetzbar sind. Mit diesem Buch möchte ich mein Wissen und Erfahrung gern weitergeben und ihnen Mut machen, ihre Rolle ihrer Weiblichkeit wahrzunehmen und hierzu zu stehen. Frauen müssen sich ihrer wunderbaren Gaben und Vorteile bewusst werden, wie beispielsweise das Kommunizieren oder das Zuhören können, sie genießen und sie in der Geschäftswelt ein- bzw. umsetzen.

Auch möchte ich in diesem Buch dem Begriff der Lady und dem der Dame dieselbe Bedeutung beimessen.

Ist es wirklich notwendig, im beruflichen Umfeld die Haltung einer »Eisernen Lady« einzunehmen? Nur, um mit männlichen Kollegen auf einer Augenhöhe zu stehen und sich im harten Umfeld des Geschäftslebens durchzusetzen? Nein, durchaus nicht! Es ist doch viel zu anstrengend und lässt Frauen kaum Freiraum für ihre eigentlichen Aufgaben. Wenn Sie die Tipps in diesem Buch beherzigen und sich dabei wie eine Lady benehmen und Ihre angeborenen positiven Eigenschaften mit der Sachebene Ihrer Aufgaben verbinden, ist Ihre Akzeptanz ein Selbstläufer.

In vielen Ländern habe ich gelebt, in denen die Frau im Beruflichen wie eine Lady, d.h. sehr respektvoll, behandelt wird – so ist es auch in Spanien, Italien, Frankreich, England oder Lateinamerika. Das höfliche Verhalten der Männer, das meist als gebührender Respekt, Wertschätzung und Ehre den Ladies gegenüber und nicht, wie es viele Frauen in Deutschland empfinden, als Erniedrigung gemeint ist, wird dort mit Freude angenommen und erwidert. Frauen sollten sich nicht verunsichern lassen. Sie sollten die Ehrerbietung als Geschenk und die meist ernst gemeinte Wertschätzung und das Kompliment annehmen.

Liebe Leserinnen, verbinden Sie das weibliche Auftreten mit einigen gesellschaftlichen Gepflogenheiten, die Sie womöglich längst verinnerlicht haben – wie das Schalten beim Auto fahren. Stehen Sie zu dem, wie Sie sind und wie Sie denken. Authentizität und nicht aufgesetztes Verhalten sind gefragt! Dies Buch soll Ihnen im Job weiter helfen.
Weiter als »mein Haus, mein Auto, mein Reitpferd« bringt Sie: »meine Persönlichkeit, mein Auftritt, meine Tat, mit mir und mit der Welt im Reinen sein!«. Ihre Weiblichkeit ist dazu der optimale Rahmen.

Nürnberg, den 14. August 2011
Friederike von der Marwitz

GRUSSWORT

Professor Dr. Parissa Haghirian,
Associate Professor of International Management,
Sophia University, Tokyo, Japan.

Sehr geehrte Frau von der Marwitz,
ich freue mich wirklich sehr, von Ihrer bevorstehenden Buchpublikation zu hören. Besonders freut mich natürlich, dass unser Gespräch im Herbst 2009 in Tokio den Anstoß und die Inspiration für Ihr neues Buch gegeben hat. Wir sind beide der Meinung, dass es nicht nur mehr Frauen im modernen deutschen Geschäftsleben geben soll, sondern dass sich diese außerdem auch in sehr unterschiedlichen Rollen – jenseits von gängigen Klischees – in ihrer Karriere verwirklichen sollten.
Um dieses Ziel zu erreichen, leistet Ihr Buch einen wichtigen Beitrag. Es ermutigt Frauen, sich nicht nur auf männliche Strategien zu berufen, wenn sie nach einer erfolgreichen Karriere streben, sondern auch zu ihrer Weiblichkeit zu stehen und auch die »Lady«, auch im Business, nicht zu vergessen. Ihr Buch wird helfen, Selbstvertrauen und Auftreten von modernen Managerinnen zu stärken und der modernen deutschen Geschäftswelt etwas mehr Eleganz zu verleihen.
Ich wünsche Ihnen sehr viel Erfolg mit Ihrem Werk und hoffe, es werden noch viele weitere folgen.
Herzliche Grüße wünscht aus Tokio,

Parissa Haghirian

I. TEIL

FÜR EINE (ALLTAGS-) KULTUR DER NACHHALTIGKEIT

Von Dr. Alexandra Hildebrandt,
Expertin für Nachhaltigkeit und Wirtschaftskommunikation
sowie DFB-Nachhaltigkeitsbeauftragte

Weshalb bewegen royale Events so viele Menschen weltweit? Vielleicht, weil sie neben Glamour und Schönheit auch die tiefe Sehnsucht nach Orientierung, Traditionen und Werten widerspiegeln, die scheinbar immer mehr verloren gehen: Familiensinn, Bildung, Wertschätzung und Beständigkeit. In einer Welt der Vereinfachung und Verkürzung (»Hallo«, »Hi«, »FYI«, »MfG«, »Mahlzeit«) oder überfallartiger Aufforderungen zwischen Tür und Angel (»auf einen Sprung vorbeikommen«) zerfällt auch die Kultur des Miteinanders, wie das Beispiel aus dem Wirtschaftsmagazin »brand eins« zeigt:
Vor dem Tresen steht ein Mann, reif für die Schere. »Guten Abend, kann ich Ihnen helfen?«, fragt sie. Der Mann schaut sich um, als werde er verfolgt. »Schneiden«, sagt er. Womit das Notwendige doch wohl gesagt wäre. Dachte er. Der Gesichtsausdruck der Friseurin aber friert ein. »Ganz ehrlich: Ein Satz mit `Guten Tag` und ´bitte` hätte es auch getan«, sagt sie. Der Kunde reagiert sauer, macht auf dem Absatz kehrt und verlässt den Laden. Die Frau zuckt mit den Schultern: »Ist das zu viel verlangt?«, fragt sie in die Runde.«[1]

Das kleine Beispiel setzt sich im Großen fort: in Unternehmen und in der Gesellschaft. Bereits 2007 ergab eine Umfrage, dass 78 Prozent der Befragten der Meinung waren, dass Manager den moralischen Anforderungen ihrer Tätigkeit nicht gerecht werden, 94 Prozent haben nur eingeschränktes bzw. wenig bis kein Vertrauen in Manager von Großkonzernen und Banken; lediglich 8 Prozent haben (noch) Vertrauen in Konzernmanager, 32 Prozent vertrauen den Aussagen des Top-Managements nicht[2].
Für die Schaffung und langfristige Sicherung materieller Werte ist die Berücksichtigung ideeller Werte schon immer notwendig gewesen, doch gerade in und nach der Wirtschaftskrise rückt

---

1 Thomas Vasek: Inflation der Anerkennung. In: brand eins 5 (2011), S. 92.
2 Quellen: 1) Forschungsgruppe Wahlen 2007; 2) TNS-Forschung 2008.3) Forsa für Stern, Januar 2009; 4) WiWo Vertrauensindex Q1 2010.

dieses Thema wieder verstärkt ins gesellschaftliche Bewusstsein. Transparente, verantwortungsvolle und nachhaltige Unternehmensführung gewinnt vor diesem Hintergrund einen immer höheren gesellschaftlichen Stellenwert. In einer auf Nachhaltigkeit basierenden Kultur des Vertrauens ist ein Vorbild mehr als nur eine realisierte ethische Leitvorstellung – denn Vorbild sein heißt, Versprechen und Erwartungshaltungen einzulösen.
Gute Examensnoten allein werden künftig keine Karriere mehr garantieren, denn die Anforderungen von Unternehmen an Bewerber/innen werden vor dem Hintergrund nachhaltigen Wirtschaftens immer anspruchsvoller. »Die Globalisierung hat einen unmittelbaren Einfluss auf die Auswahl des Führungspersonals. Nicht mehr spezifische Einzelqualifikationen stehen im Vordergrund einer zukunftsweisenden Besetzung, sondern der gut ausgebildete, verantwortungsvoll handelnde und langfristig denkende Generalist. Fachwissen allein ist nicht mehr ausreichend. Der Begriff »Führungspersönlichkeit« bedeutet heute weit mehr«, sagt Werner Knips, Partner der Personalberatungsgesellschaft Heidrick & Struggles und Präsidiumsmitglied des Zentralen Immobilienausschusses ZIA.

Wer persönlich und beruflich »erfolgreich« sein möchte, muss vor allem durch eine reife Persönlichkeit überzeugen. Doch wie können Führungskräfte die gewünschten Eigenschaften für ihre Selbstentwicklung erwerben? Es gibt den Business-Knigge, den Ess- und Tisch-Knigge, den Auslands-Knigge, den Knigge für Weintrinker, den Reiter-Knigge und schließlich sogar den Erotik-Knigge. Alle Benimm-Bücher beziehen sich auf einen Mann, dessen Name zu einem Synonym für gute Manieren geworden ist: Adolph Freiherr Knigge (1752–1796). Sein Buch »Über den Umgang mit Menschen«, erstmals erschienen 1788, beschäftigt sich im Gegensatz zur landläufigen Meinung mit »guten Umgangsformen«, dem richtigen Benehmen, und nicht mit Manieren und Konventionen (Etikette), was häufig nicht dasselbe ist. Etikette schafft für ihn

lediglich den Rahmen für eine wertschätzende Kommunikation – doch die steife Etikette ist für ihn etwas »Unmenschliches«.
Sein Nachfahre Moritz Freiherr Knigge erklärt den Unterschied so: »Nehmen wir an, Sie sind in einem kleinen Restaurant, und da sitzt eine Gesellschaft, ein paar Damen und ein paar Herren, die gerade von einer Dichterlesung oder einem Theaterbesuch kommen. Sie unterhalten sich auf kulturell höchstem Niveau, sind alle perfekt gekleidet und essen vielleicht sogar gerade Hummer, der ja ein Synonym für das technisch richtige Essen ist. Mit gutem Benehmen hat dies jedoch gar nichts zu tun. Achten Sie darauf, wie diese Menschen mit dem Servicepersonal umgehen. Dann wissen Sie, woran Sie sind.«[3]

Knigges Buch ist eine zeitlose Anleitung für das menschliche Miteinander verschiedener Berufsgruppen und Generationen und auch eine wichtige Grundlage für Unternehmenskulturen, die auf langfristige und immaterielle Aspekte setzen. Gute Unternehmenskultur und Internationalität bedeutet eine offene Gesprächskultur mit allen Mitarbeitern über nationale und kulturelle Grenzen hinweg. Durch die Globalisierung internationalisieren sich nicht nur Geschäftsprozesse, sondern auch die Belegschaften. Der Umgang mit kulturellen Unterschieden und Andersartigkeit sowie die Kenntnis von Business-Regeln in einer globalisierten Welt werden vor diesem Hintergrund immer wichtiger. Das Management dieser personell-kulturellen Vielfalt wird damit zu einer der großen Herausforderungen für alle Menschen in Unternehmen.
Die Spielräume der Manager, das Richtige zu tun, sind größer, als ihnen häufig bewusst ist. Hier setzt Friederike von der Marwitz an, die zu den führenden Seminaranbietern für Stil- und Imageberatung in Deutschland gehört und die die von ihr gegründete

3 Zitiert in: Max Ernst Walbersdorf / Krischan Lehmann: Etikettenschwindel. Im Interview: Moritz Freiherr Knigge. In: GQ (8.2.2007). http://www.gq-magazin.de/articles/leute/manner/etikettenschwindel-moritz-freiherr-knigge-im-interview/2007/02/08/04718/ (Stand: 10.5.2011)

Marwitz-Akademie leitet, in der große deutsche Unternehmen im Bereich moderne Umgangsformen, Stilberatung und nachhaltige Unternehmensführung geschult werden. Ihr Buch »Lady in Business« ist ein wichtiger Wegweiser auf dem Weg zu mehr »Nachhaltigkeit« im Geschäfts- und Lebensalltag. Heißt es doch schon in dem 1807 von Joachim Heinrich Campe herausgegebenen Wörterbuch der deutschen Sprache: »Nachhalt« ist das, »woran man sich hält, wenn alles andere nicht mehr hält«.

II. TEIL

VOM WERT
DES GUTEN BENEHMENS.

FRAU DR. HILDEBRANDT
IM INTERVIEW MIT
FRIEDERIKE
VON DER MARWITZ

»Die erste Pflicht im Leben ist es, eine Haltung einzunehmen.«
Oscar Wilde

WESHALB MUSS GUTES BENEHMEN ALLE MENSCHEN MITEINBEZIEHEN?

Weil Benehmen eine Frage der Herzensbildung ist, Menschen unabhängig ihrer Herkunft und ihres Status respektvoll zu behandeln. Zudem können Menschen, die sich nicht benehmen können, einen vielfach persönlichen und gesellschaftlichen Schaden anrichten.
Nehmen wir an, wir befinden uns an einem Messestand. Oft kommen Messebesucher an unserem Stand vorbeigeschlendert, die vom Äußeren her wahrlich nicht an einen Entscheider erinnern. Wenn wir uns ihm gegenüber nun arrogant, abweisend, desinteressiert und schlecht erzogen zeigen, dann haben wir wahrscheinlich einen wichtigen Kunden verloren.
Besonders die Firmeninhaber von Ländern wie England, Lateinamerika oder Japan können sehr bescheiden und zurückhaltend wirken. Lassen Sie sich nicht beirren – wir können uns ganz schön vom Äußeren täuschen lassen. Meiner Meinung nach sind alle Menschen gleich – jeder von uns könnte plötzlich krank werden, den Job verlieren oder eine Burn-out-Krise erleben. Auch in diesen Situationen möchten Sie nett und respektvoll behandelt werden.
Da ich beruflich viel herumreise, komme ich auch in sehr gute Hotels. Einmal musste ich unterwegs das Auto auswechseln, ein anderes Mal fuhr mir ein anderer Autofahrer im Stau in meinen Wagen. Mehrmals schon ist es mir passiert, dass ich zur Rezeption komme und bei der Ankunft Folgendes passiert:

Erstes Beispiel: Rezeptionistin:
»Guten Tag. Bitte füllen Sie das Formular aus«.

Zweites Beispiel: Rezeptionistin: »Grüß Gott. Wie war die Anreise?«. Ich: »Gut, aber unterwegs ist mir jemand ins Auto gefahren!«. Rezeptionistin: »Ach so, na dann füllen Sie doch bitte das Formular aus«.
Deutlich spürte ich, dass hier wohl ein Knigge-Seminar stattge-

funden aber die Rezeptionistin die Inhalte nicht verstanden hat.
Sehr gefreut hat es mich, als ich mit meinem Mann kürzlich in ein kleines aber feines Hotel in Neuharlingersiel bei Spiekeroog eintrat. Wir hatten eine heftige Anreise mit Bahnverspätung und 7-maligem Bahnwechsel als auch schlechtem Wetter hinter uns. Wir sagten im Restaurant Bescheid und mussten nur kurz warten, bis auch schon ein gepflegter Herr auf uns zukam und uns mit Handschlag begrüßte. Er war so authentisch und machte den Eindruck, daß er schon auf uns gewartet hatte. Mit seiner Ruhe hörte er sich dann unsere »Geschichte« an und wie froh wir seien, bei ihm noch kurzfristig ein Zimmer erhalten zu haben. Dann begleitete er uns auf unser Zimmer und erklärte uns die Beleuchtung, zeigte das Bad … Das Hotel JANNSSEN werden wir immer weiterempfehlen, denn hier durften wir als Gast ankommen und entspannen.
Wenn ich aber auch nach Österreich oder in die Schweiz fahre, dann erlebe ich, auch in einfacheren Hotels, gleichschöne Empfänge:

Beispiel: Rezeptionistin:
»Grüß Gott. Wie war Ihre lange Anreise?«
Ich: »Gut, aber jetzt bin ich doch etwas müde.« Und es erfolgt ein kleiner und ehrlich gemeinter Small Talk und die Frage, ob ich gern etwas zu trinken hätte. Hier geht mir immer die Seele auf – solche Hotels empfehle ich auch immer gern weiter.
Merken Sie, ich durfte in diesen Hotels ankommen, herunterkommen, mich als Gast fühlen, entspannen. Nun darf ich offen sein für Neues.
Wir sind in unseren Entscheidungen nicht nur vom persönlichen Umfeld abhängig, sondern sehr viele Menschen tragen zum Erfolg dessen bei, was bewegt werden soll. Es ist ein Prinzip des Lebens, dass diese Wertschätzung von innen kommen muss, und dass sie auf der respektvollen Behandlung basiert, genauso, wie ich sie mir auch von anderen Menschen erwarte.

Was bedeutet Ihnen »Herzensbildung«?

Sie ist für mich eine natürliche, von Herzen kommende, Bildung und Weisheit, die verschiedene Wertvorstellungen beinhaltet wie zum Beispiel die Nächstenliebe aus dem Christentum. Den Nächsten zu akzeptieren, wie er ist, oder mit ihm gemeinsame Interessen zu finden. So spüren Sie zum Beispiel sofort, ob jemand bei der Kontaktaufnahme ein bestimmtes Ziel verfolgt, das er jetzt nicht offen zeigt, oder ob dieser jemand mir mit seinem vollen Wesen ehrlich gegenübertritt. Ein Mensch mit Herzensbildung wirkt authentischer in allem, was er tut. Herzensbildung bildet auch Brücken, wo Konkurrenzdenken entsteht oder Menschen meinen, etwas zu verteidigen zu haben.

Herzensbildung leuchtet auch aus den Augen – schauen Sie näher hin. Ich wünschte, mehr Führungskräfte würden ihren Mitarbeitern in die Augen schauen und sich wünschen, dass sich die Mitarbeiter in seiner Umgebung wohl fühlen.

»Je vornehmer einer ist, desto höflicher behandelt er den Niedrigen.«Ludwig Börne (1786)

Weshalb hat es derjenige im Beruf leichter, der sich stilsicher bewegen kann?

Meine Erfahrung des sicheren Umgangs auf internationalem Parkett hat gezeigt, dass Menschen, die Stilsicherheit besitzen, positiver auffallen und kompetenter wirken. Nehmen wir das Beispiel Guttenberg: Menschen, die sich stilsicher bewegen können, werden von ihrem Umfeld ernster genommen. Sie haben es wesentlich leichter, weil sie sich nicht durch künstlich Erlerntes, durch lautere Sprache und durch das Unterbrechen des Anderen in den Vordergrund bringen. Wer sich stilsicher auf dem Parkett bewegt, gibt seinem Gegenüber stets das Gefühl, dass dieser noch ein bisschen mehr wissen möchte, als er eigentlich im Moment von sich Preis gibt. Er ist immer in einer führenden Rolle, auch, wenn er im

Moment gar nichts zu führen hat. Das bringt die Natur mit sich, dass das stilsichere Bewegen im Beruf oder in der Pause bei einer Opernaufführung oder im häuslichen Bereich dazu führt, dass sich andere Menschen zu ihm hingezogen fühlen, den Vergleich suchen und auch gern bei diesem Menschen die Bestätigung finden wollen, ob die eigenen Entscheidungen die Richtigen sind, das eigene Verhalten Akzeptanz findet.
Ein stilsicherer Mensch weiß zum Beispiel, wie er mit dem Besteck umgehen sollte, wie Konversation betrieben, was mit der Serviette gemacht wird, wo überhaupt der Sitzplatz ist, und wie er in einen Raum voller fremden Menschen tritt. Wenn er dies weiß, dann kann er sich ganz auf das Miteinander und die Gespräche konzentrieren.
Was ich sehr oft erlebe, ist, dass Menschen mit vollem Mund sprechen. Schon diese Tatsache irritiert mich sehr und stört meine Konzentration als auch die Lust am Essen. Wenn dieser Mensch dann auch noch krumm und mit den Armen auf dem Tisch, sitzt, unterhalte ich mich lieber mit demjenigen, der Manieren hat und mir durch sein stilvolles Verhalten Wertschätzung entgegen bringt.

UMGANGSFORMEN SIND NICHT STATISCH – SIE PASSEN SICH DER JEWEILIGEN GESELLSCHAFTLICHEN ENTWICKLUNG, DER SICH ÄNDERNDEN ARBEITS- UND LEBENSBEDINGUNG AN. WAS HAT SICH IN DEN VERGANGENEN JAHREN GEÄNDERT?

Es gab mehrere Veränderungen in den vergangenen Jahren. Vor etwa 10 bis 15 Jahren wurde damit begonnen, Begrüßungsfloskeln abzukürzen. Ein Beispiel ist die »Hallo«-Bewegung, dann kam die Kleinschreibung, durch die die Kommunikation vereinfacht werden sollte. In der Jetzt-Zeit gibt es eine Gegenbewegung. Die Menschen möchten wieder »Sehr geehrter Herr« und »Sehr geehrte Frau« schreiben und entsprechend angesprochen werden. Viele können das »Hallo« überhaupt nicht mehr hören, rücken auch von Kürzeln wie »LG« und Emotions zunehmend ab. Eine Ausnahme bildet die auf 160 Zeichen begrenzte SMS. Zudem werden auch wieder Werte und Rahmen gesucht. Ladies schätzen es zum Beispiel und sagen, dass es keine Anbiederung oder Schwäche ist, wenn ihnen der Herr in den Mantel hilft oder die Tür aufhält. Viele Menschen erkennen wieder, dass es sich lohnt, sich Zeit füreinander zu nehmen. Denn es zeigt anderen Menschen, dass sie wertgeschätzt werden. Auch bei jungen Menschen beobachte ich eine erstaunliche Gegenbewegung, denn sie sind diesem gegenüber sehr aufgeschlossen. Sogar ein Politiker wie Joschka Fischer ist in Turnschuhen vereidigt worden – inzwischen trägt er Designerkleidung.

Gibt es Grundregeln beim Thema Business-Knigge?

Die gibt es. Dazu gehören zum Beispiel in der deutschen Kultur die Pünktlichkeit, Ehrlichkeit oder das wertschätzende Verhalten – Grundregeln in der Form, dass alle Menschen voreinander Respekt haben sollten. Das lässt sich nicht nur auf die Business-Etikette, sondern auf das gesamte Leben übertragen: wer Respekt vor anderen Menschen hat, wird sie offener ansehen, höflicher begrüßen, ihnen in verständlichen Sätzen Fragen stellen, aktiv zuhören und insgesamt persönlicher auf sie eingehen.

Wo wird der Business-Knigge häufig verletzt? Wenn Führungskräfte Stil und Umgangsformen nicht vorleben?

Ja, denn in der Schnelligkeit des Geschäfts wird oft übersehen, dass nicht nur ein Geschäftspartner oder ein potentieller Konkurrent, sondern einem ein Mensch gegenübersteht. Das beginnt schon in einer Hotelrezeption, wenn ein Mitarbeiter, der von einem Gast begleitet wird, vom Frühstück kommt und seinen Vorgesetzten trifft, der den Gast jedoch nicht kennt. Hier ist es Aufgabe des Mitarbeiters, bei Kontakt mit dem Vorgesetzten, die unbekannte Person, kurz vorzustellen. Oder das Beispiel Kantine: Ich gehe mit einem Kollegen essen. Während unseres Essens bleibt ein anderer Kollege, der gerade die Kantine verlassen will, bei uns stehen und begrüßt mich: »Altes Haus, dass man Dich mal wieder sieht …« Das Gespräch zieht sich. Der Kollege isst allein weiter. Jetzt ist es angemessen, den Bekannten meinem Kollegen kurz vorzustellen und – sollte es sich sehr hinziehen – die Kontaktdaten auszutauschen und das Gespräch später fortzusetzen. Dieses Verhalten gilt auch für Vorgesetzte. Hier wird der untergebene Mitarbeiter häufig »wie Luft behandelt«, sobald eine »wichtigere« Person erscheint. Es sind bestimmte Grundregeln, die das menschliche Leben betreffen, und die auch auf das geschäftliche Leben übertragbar sind. Unangemessen ist es, wenn wir einen Schalter umlegen und sagen: Wir sind jetzt privat – wir sind jetzt im Business.

Weshalb wird Wertschätzung immer wichtiger?

Weil unsere Umwelt auch in technischer Hinsicht sehr im Fluss ist und Menschen froh sind, wenn sie Fixpunkte haben.
Viele Menschen sind ständig vom Handy abhängig und im Flieger, immer in gleich eingerichteten Hotels. Ihre Seele kommt nicht mehr hinterher. Umso mehr bemerken und geniessen diese Menschen eine aufrichtige Begrüßung und Wertschätzung.
Wertschätzung wird immer wichtiger, weil die Glaubwürdigkeit von dem Menschen, der etwas anbietet, eine Dienstleistung verkauft, eine Idee, einen Gedanken oder einen Punkt vertritt, glaubwürdiger klingt, wenn auch seine Persönlichkeit eine wertschätzende Ausstrahlung hat. Weil sein Charisma schon verdeutlicht, dass hier nicht nur jemand steht, der mit mir Geld verdienen möchte, sondern der mich in erster Linie als Menschen sieht und mich persönlich von den Qualitäten seiner Person und seiner Produkte überzeugen möchte. Ohne Wertschätzung haben Kunden auch weniger Interesse an Produkten, die ihm angeboten werden. Viele Statistiken bestätigen, dass es nicht nur um das Produkt selbst und seine Qualität geht, sondern auch um den gesamten Rahmen

drumherum. Wenn ich als Kundin oder Kunde wertgeschätzt und ernst genommen werde, habe ich ein hohes Vertrauen in das Produkt, das mir angeboten wird. Aus diesem Grund wird die persönliche Wertschätzung immer wichtiger. So wird mein Kunde auf lange Zeit mit mir und der Firma arbeiten wollen.

Können Sie Beispiele aus anderen Ländern nennen?

In Saudi-Arabien ist es zum Beispiel so, dass jemand, der in diesen Ländern Geschäfte machen möchte, dringend Netzwerke braucht. Hier sind Kontakte das A und O. Dies wird in vielen deutschen Firmen nicht mehr berücksichtigt – sie entsenden immer wieder neue Kundenbetreuer, statt diejenigen wiederholt einzusetzen, die der Kunde schon kennt, und zu dem er über eine längere Zeit Vertrauen aufgebaut hat. Auch war es früher üblich, daß auch die Ehefrau des Kundenbetreuers mit reiste und ihre Rolle als Gastgeberin ausübte. Leider wird auch hieran gespart.
In diesen Ländern ist es ein sehr guter Einstieg, zunächst nach der Familie zu fragen (jedoch nicht nach der Ehefrau!). Auch wird hier Frauen keine Hand gegeben.

In langen Zeremonien, und ohne über Geschäftsthemen zu reden, wird zuerst beobachtet, wie und wer ich bin. Das dient dem Vertrauensaufbau. Würden wir in Deutschland die Wertschätzung mehr verinnerlichen, blieben uns manche Business-Enttäuschungen und Business-Prozesse erspart. »Gut verhandelt haben Sie erst dann, wenn Ihr Gegenüber in Zukunft wieder Geschäfte mit Ihnen machen möchte«, sagt ein Vorsatz der Harvard University.
Auch kenne ich einen Bankier, der sich einen Auftrag aus Japan erhoffte. Er wusste, dass es in den meisten Ländern keinen guten Eindruck macht, wenn nach guter alter deutscher Sitte Druck gemacht wird, indem das Gespräch sofort zum Business kommt. Er war also mehrere Tage lang in Tokio, ging in Karaoke-Bars, ließ sich das Land zeigen, usw. Dann flog er wieder nach Frankfurt

zurück und dachte, der Auftrag käme nicht zustande, da in Japan über das Berufliche überhaupt nicht geredet wurde. Und was geschah – kaum war er im Büro angekommen, lag auch schon die Anfrage auf seinem Schreibtisch.
Dazu sollten Sie auch wissen, dass es einige Länder wie beispielsweise Asien, Lateinamerika, Naher Osten, gibt, in denen die Unterschrift eines Vertrages auch wieder rückgängig gemacht werden kann. Eine große Bitte an Sie: bringen Sie die Menschen dort nicht unter Druck – lassen Sie ihnen und sich Zeit und zeigen Sie sich von der persönlichen, menschlichen Seite. Hierdurch haben Sie viel eher die Chance, Aufträge zu bekommen.

Warum nehmen Frauen Wertschätzendes häufig weniger an als Männer?

Deutsche Frauen versuchten in den letzten Jahrzehnten, Stellung zu beziehen und stärker im Job aufzutreten. Sie empfanden ihre Position oft so, dass mehr ihre Weiblichkeit betrachtet wurde, als das, was sie inhaltlich taten. Angenommen, ein Mann wollte einer charmanten Lady eine Anlage verkaufen und machte ihr Komplimente: wie hübsch sie sei, wie gut ihr das Kleid stehe, wie gut ihr Schmuck dazu passe. Dann hatte sie das Gefühl, mehr als Frau denn als Geschäftspartnerin wahrgenommen worden zu sein. Aus diesem Grund wiesen und weisen deutsche Frauen solche Wertschätzungen gern zurück. Ganz anders ist es dagegen in südeuropäischen Ländern. Hier sind mehr Frauen in Führungspositionen als in Deutschland, sie sind selbstbewusster und nehmen Komplimente gelassener, selbstverständlicher und dankbarer an.

Weshalb genügt es nicht, nur Talent und Fachwissen zu haben, um als angesehene und glaubwürdige Persönlichkeit wahrgenommen zu werden? Was sagen Sie zu der Regel »Wirkung schlägt Fachwissen«?

Beides gehört zusammen. Weil die Persönlichkeit als Vorbild mit ihren Soft Skills zum Fachwissen dazugehört. Nur Fachwissen allein – nein danke. Sie sehen das ja schon in Projekten. Oft werden Projektleiter diejenigen, die das Fachwissen haben. Aber genauso wichtig als Team- oder Projektleiter ist die Persönlichkeit. Zu dieser gehört Größe, Geduld, Vertrauen und Weitsicht.
Es kommt ja täglich darauf an, mit seinen Mitmenschen umzugehen und ist auf sie angewiesen. Eine angenehme Form führt dazu, sich besser durchzusetzen, die Mitarbeiter zu motivieren und respektiert zu werden. Es sollte eigentlich nicht so sein, dass Wirkung Fachwissen schlägt, und dennoch ist es so. Wenn jemand mit einer ausgesprochenen Persönlichkeit einen Raum betritt, wird er in diesem ein Vielfaches an Platz einnehmen als jemand, der ihn körperlich in Anspruch nimmt. Wenn dann aus dem Munde eines solchen Menschen mit überzeugender, klarer Sprache vorgetragene Argumente kommen, werden die Menschen immer mehr auf seine Persönlichkeit achten als genau zu analysieren, ob das eigentlich Gesagte Hand und Fuß hat.

Weshalb ist die Begrüssung eine der grössten Fallen im geschäftlichen Miteinander?

Sie ist der erste Eindruck. Hierbei sind die ersten drei Sekunden entscheidend. Werden sie verspielt, ist die Gelegenheit im beruflichen Feld vorbei. Es heißt, dass es im beruflichen Umfeld sieben neuen Anläufen bedarf, um den ersten negativen Eindruck wieder gut zu machen. Bei der Begrüßung spüren Sie, ob jemand einen festen und vertrauenserweckenden Händedruck und ein offenes Gesicht hat, ob er oder sie meinem Blick ausweicht, ob diese Person mir die Hand entgegenstreckt oder ob sie mich sozusagen mit ausgestreckter Hand abweist – oder mich freundschaftlich heranzieht. Die Begrüßung ist der Punkt, an dem Menschen zeigen können, ob sie es schaffen, Wertschätzung zu zeigen und gleichzeitig Distanz zu wahren.

Wie können Unternehmer und Manager bewegt werden, ihre Mitarbeiter zu motivieren, sich mit dem Thema Business-Knigge zu beschäftigen?

Indem ihnen vor Augen geführt wird, welche Vorteile das gute Benehmen hat. Dabei können Beispiele, und zwar an der Führungsperson selbst, am nachhaltigsten wirken. Zum Beispiel können Mitarbeiter in Seminaren verdeutlicht bekommen, dass sie das Aushängeschild der Firma sind und die Firma durch sie gleich einen viel positiveren Eindruck macht. Auch tut freundschaftliches Miteinander der ganzen Belegschaft und der Atmosphäre gut.
Meine Erfahrung zeigt jedoch, dass eine freundliche Atmosphäre mit der Firmenleitung zu tun hat. Ist diese Person auch den Mitarbeitern gegenüber aufgeschlossen und bemüht, dann werden es auch die Mitarbeiter nach oben, nach unten als auch nach außen hin sein. Jeder wird gern für diese Firma arbeiten wollen.
Unternehmerinnen und Unternehmer oder Führungskräfte können den Business-Knigge nur vorleben. Mitarbeiter spüren, dass nicht nur Fachwissen und Argumentationstalent zählen, sondern auch eine Aura und eine Persönlichkeit dazugehören. Wenn sie das vorgelebt bekommen, merken sie, dass es positiver auffällt, wenn sie diese Basics auch erfüllen – dies hilft ihnen auch, um vorwärtszukommen. Dazu gehört, ungeachtet der gesellschaftlichen Stellung, den Menschen hochzuachten, ihn zu begrüßen, ihm zu helfen, ihn freundlich zu behandeln. Es gibt viele Menschen, die gern Karriere machen möchten, die jedoch an dieser Hürde scheitern. Sie sagen: »Ich habe nun meinen Bachelor und meinen Master, ich habe mein Wissen, ich habe ein Projekt geleitet, ich möchte jedoch noch viel mehr, ich möchte disziplinarische Verantwortung ausüben, ich möchte auch noch viel mehr in diesem Unternehmen bewegen.« Doch sie kommen einfach über diese Schwelle nicht hinaus, da sie diese Grundprinzipien der Umgangsformen nicht beherrschen. Und sie werden spüren, wenn sie dann Nachholbedarf haben, dass sie dies schleunigst aufholen sollten. Besser ist es

jedoch, sich schon beim Berufseinstieg mit diesen Themen auseinanderzusetzen, damit es später im Beruf Selbstverständlichkeiten sind, wie das Schalten beim Autofahren.
Wann immer ich in Unternehmen komme, spüre ich sofort, wenn ich schon zur Rezeption komme, wie die Atmosphäre im Betrieb ist. Auch fällt es mir immer sehr angenehm auf, wenn ich bei meiner Ankunft anhand eines Flipcharts oder Screens begrüßt werde. Dies zeigt mir, dass das Team sich schon auf mich vorbereitet hat und sich freut. Auch hier geht mir die Seele auf – nun bin ich für jegliche Gespräche offen und werde die Firma viel eher weiter empfehlen. Oft höre ich von meinen Teilnehmern, dass ihre Kollegen, sobald sie von dem Etikette-Seminar hörten, sagen: »Mensch, was soll denn das. Das ist doch altmodisches und steifes Zeug…«. Schade, sagen dann diese Teilnehmer, denn durch das Seminar erhielten sie viele wichtige Informationen für den Kundenkontakt, wurden z.T. auch in ihrer Erziehung bestärkt und hatten ein wertvolles, lockeres und angenehmes Training.

Andere Länder, andere Sitten – was ist auf internationalem Parkett zu berücksichtigen?

Es lassen sich nicht alle Sitten und Gebräuche aller Länder beherzigen, geschweige denn kennen. Wenn ein Mitarbeiter plötzlich nach China oder nach Mittelamerika gesandt wird, sollte er die Werte, die er mitbringt, auch vor Ort zeigen. Meine Eltern zum Beispiel beschäftigten in Mittelamerika zum Bau einer Fabrik für die deutsche Entwicklungshilfe zwölf deutsche Vorarbeiter, die keine Vorbereitung erhielten, bevor sie in das Land kamen und nicht einmal »Ja« und »Nein« auf Spanisch sagen konnten. Anerkennung verschafften sie sich durch ihre deutschen Tugenden, nämlich gute deutsche verlässliche Vorarbeiter zu sein. Sie waren auch der neuen Kultur gegenüber unvoreingenommen und freuten sich auf ihre Arbeit im neuen Land. Wesentliche Pluspunkte sind jedoch gegeben, wenn die Basics der Sitten der Länder beherrscht

werden – dabei sollte jedoch die jeweilige Eigenart nicht aufgegeben werden. Wir sollten uns, bevor wir in andere Länder fahren, mit den dortigen Menschen und Sitten befassen. Sie sollten sich fragen, wie diese Menschen aufgewachsen sind und zu welchen Verhaltensmustern sie ihre Kultur gebracht hat. Sie sollten wissen, dass Toleranz, Geduld und Bescheidenheit zum Beispiel in asiatischen Ländern Tugenden sind – aber nicht nur dort. Diese haben mit Herzensbildung und mit Respekt zu tun. Wenn beispielsweise in Deutschland ein Geschenk übergeben wird, heißt es oft: »Das ist ein fantastischer Wein, den musst Du unbedingt mal probieren. Der schmeckt bei soundso viel Grad am allerbesten und lass ihn erst ein bisschen liegen…«. Hier wird für das Geschenk geworben. Von asiatischen Ländern beispielsweise wissen wir, dass um Entschuldigung gebeten wird, dass sich der Gastgeber dazu herablassen muss, das minderwertige Geschenk anzunehmen.
Das Wort »Entschuldigung« ist übrigens in fast allen Ländern ganz wichtig. Dieses Wort wird immer wieder gesagt, um zu zeigen, dass auch die Anderen wichtig sind und ich mich zurück nehmen kann. In Deutschland wird dies missverstanden und mit Unsicherheit verwechselt.

Und umgekehrt?

Wenn Sie in Deutschland ein Objekt in der Vitrine des Gastgebers sehr aufmerksam anschauen und bewundern, erhalten Sie vermutlich einen kleinen Vortrag über dessen Geschichte, wie es in den Familienbesitz kam. In der Türkei dagegen fühlt sich der Gastgeber verpflichtet, die Vitrine zu öffnen und das soeben Bewunderte dem Gast zu schenken. Sie sollten auch wissen, dass es Länder gibt, in denen die Menschen nicht unhöflich sind, wenn sie Ihnen bei der Begrüßung keinen festen Händedruck geben und dabei auf den Boden, statt in Ihre Augen, schauen.

Sollen grundsätzliche Dinge, die wir hier in Deutschland vermittelt bekamen, in anderen Ländern angewandt werden?

Folgendes Beispiel dazu: Wenn Sie die Beine übereinanderschlagen und mit der Fußspitze, was hier in Deutschland eher zufällig ist, auf Ihr Gegenüber zeigen, wird dies in vielen anderen Ländern als Abweisung und Abwertung empfunden. Die Aneignung der deutschen Grundelemente ist auch in diesem Zusammenhang relevant. Denn auch hier ist es unhöflich, wenn die Beine breit auseinanderfallen oder die Füße in die Nähe des Gegenübers kommen oder direkt auf ihn zeigen. Ganz schlimm ist es in manchen Ländern, wenn Männer das eine Bein auf das andere Bein legen, so dass die Schuhsohle in der Luft zu sehen ist.

Wenn wir genau hinschauen, gibt es in anderen Ländern viele Regeln, die es früher bei uns auch gab und die Zeichen des Respekts bedeuten.

Wie verhält es sich in diesem Zusammenhang mit bestimmten Tugenden?

Ehrlichkeit zum Beispiel ist in Deutschland ein hoher Wert – in vielen anderen Kulturen sind Werte wie Ehrlichkeit anders gelagert. Wenn Deutsche im Ausland auftreten, wird Ehrlichkeit von ihnen erwartet.

Wenn Sie beispielsweise in Lateinamerika sind und nach einer Straße fragen, dann wird Ihnen gern und schnell geholfen und gesagt, wo Sie hinfahren müssen. Später verfahren Sie sich und merken, dass Sie »angelogen« wurden. Bedenken Sie jedoch, dass diese Art zu antworten nicht als Lüge gemeint war. Im Gegenteil. In sehr vielen Ländern wird das Wort »Nein«, »nein, ich weiß nicht, wie es dorthin geht«, umgangen. Ein »nein« nimmt dem Anderen und sich das Gesicht – eher werden Ausreden gesucht. In Japan beispielsweise gibt es das Wort »Nein« nicht.

Genauso verhält es sich mit Fleiß, Ordnung und Pünktlichkeit. Berücksichtigen Sie jedoch, dass zum Beispiel in England, in Asien oder in Lateinamerika derjenige nicht unpünktlich ist, der 15 Minuten bei einem Dinner zu spät kommt. Hier gilt diese Verspätung als Pünktlichkeit. Derjenige, der zu pünktlich kommt, gilt als unhöflich. Erkundigen Sie sich daher vorher genau, welche Unterschiede es gibt, denn eine Art von Pünktlichkeit in deren Sinne gibt es natürlich auch. Von uns Deutschen wird jedoch im internationalen Businessbereich immer Pünktlichkeit erwartet.

Das Leitbild des ehrbaren Kaufmanns hat eine lange geschichtliche Tradition. Für den ehrbaren Kaufmann sind Moral und Wirtschaftlichkeit kein Gegensatz sondern Bedingung, bedeutet Wirtschaftlichkeit das nachhaltige Schaffen von Werten. Weshalb sollten sich Führungskräfte im Sinne eines »ehrbaren Kaufmanns« nicht nur auf ihre formalrechtlichen Aufgaben und Pflichten beschränken?

Mit dem Begriff des »ehrbaren Kaufmanns« wurden früher bestimmte Tugenden eines zumeist selbständigen Kaufmanns oder eines persönlichen Firmeninhabers verbunden. Zu den wichtigsten Tugenden gehörten Ehrlichkeit, Verlässlichkeit, Fleiß, Pünktlichkeit, Pflichtbewusstsein und Fairness im Umgang mit Kollegen und den Geschäftspartnern. Zeitlos ist, dass der »ehrbare Kaufmann« nicht nur ein Geschäft machen will, sondern auch eine dauerhafte Beziehung zu dem Kunden und den Mitarbeitern aufbauen möchte. Wenn er nicht ehrbar ist, leiden darunter seine Firma und das dazugehörige Vertrauen in das Unternehmen. Der »good will« eines Kaufmanns ist ja bei einem Verkauf hoch angesehen, manchmal sogar höher als die reinen materiellen Aspekte. Der heutzutage als »Führungskraft« bezeichnete Personenkreis aus Wirtschaft und Industrie unterscheidet sich von der beschriebenen Gruppe schon dadurch, dass dieser nicht selbständig tätig, sondern »nur« angestellt ist. Die Mehrzahl repräsentiert das Unternehmen, für das sie arbeitet, primär nach innen und nur wenig nach außen. Das ist ein wesentliches Unterscheidungsmerkmal. Dem »ehrbaren Kaufmann« geht bzw. ging es um die persönliche Ehre wie um die Ehre des Unternehmens. Der Manager bzw. die Führungskraft denkt und handelt dagegen stets nur im Auftrag einer höhergestellten Instanz. Die Aufgaben eines Managers oder einer Führungskraft sind normalerweise in der so genannten »Stellenbeschreibung« festgelegt. Informationen über bestimmte Verhaltensweisen finden sich darin kaum. Weitsichtige Unternehmer haben jedoch in den letzten Jahren diese Lücke erkannt und entsprechende Leitlinien im Rahmen der »Corporate Governance« entwickelt und veröffentlicht. Sie haben erkannt, dass das Unternehmen damit nach innen und nach außen nachhaltiger geführt und kontrolliert werden muss, beispielsweise durch das Wahren der Interessen aller relevanten Gruppen und durch das Ausrichten von Unternehmensentscheidungen auf langfristige Wertschöpfung. Letztlich basiert »Corporate Governance« auf der Erkenntnis, dass jedes Unternehmen Bestandteil unserer pluralistischen Gesellschaft ist, dem es durch Produktion von Gütern und Dienstleistungen in verantwortungsvoller Weise zu dienen hat. Eine solche Richtschnur macht jedoch nur Sinn, wenn sie für alle im Unternehmen beschäftigte Mitarbeiter, natürlich in erster Linie für die Führungskräfte, als verbindlich angesehen, verstanden und praktiziert wird. Dies im Unternehmen zu verankern, ist gegenwärtig und zukünftig eine große Herausforderung für das Top-Management.

Auch der Umgang mit der Ressource Zeit ist bei Managern häufig ein anderer als bei ehrbaren Kaufleuten. Unternehmer privat geführter Firmen haben meistens einen »natürlichen« Rhythmus, der Familien- und Unternehmenszeit trennt und beides sinnvoll ausschöpft. Welche Erfahrungen haben Sie in der Praxis gemacht?

Immer wieder spreche ich mit Geschäftsführern aller Firmenarten, die beispielsweise ein schlechtes Gewissen ihren Mitarbeitern gegenüber haben, wenn sie sich entscheiden, um 17.00 Uhr nach Hause zu gehen. Zuhause steht beispielsweise nach einem Umzug alles voller Kisten, die geräumt werden müssen, oder sie haben andere wichtige familiäre Aufgaben. Statt nach Hause zu gehen, bleiben sie lieber länger in der Firma, ihrer Mitarbeiter zuliebe, sitzen jedoch nur »zur Show« herum, was ihnen natürlich die Mitarbeiter nachmachen. Dieses längere Bleiben steigert sicher nicht die Qualität der Arbeit. Andere Geschäftsführer berichten, dass sie es wie der Kapitän eines Schiffes handhaben: »Als Kapitän eines Schiffes bleibe ich bis zum Schluss«.

Geschäftsführer sollten ihr Privatleben durch ein ausgewogenes Verhältnis zwischen Familien- und Berufsleben organisieren. Meistens klappt dies nicht. In den Augen der Führungskräfte ist der Beruf oft wichtiger oder fordert mehr als das Familienleben. Das ist natürlich eine falsche Sicht. Der Manager gerät in Zwänge, die ihn dazu veranlassen, sich für seinen Beruf aufzuopfern– die Familie als auch seine eigene Seele bleiben dabei auf der Strecke. Das bedeutet auch, dass die Erziehung der Kinder der Frau überlassen bleibt – wenn diese überhaupt erzieht – oder dass die Ehen geschieden werden und Ehepaare sich auseinanderleben. Um dies zu vermeiden, sollte jeder Manager beherzigen, dass nach einer gewissen Anzahl von Stunden geistig und körperlich nicht mehr gearbeitet werden kann und auch die Qualität nicht besser wird.

In den USA ist es ganz normal (von Ausnahmen abgesehen), dass die Führungsperson zu einer bestimmten Stunde nach Hause geht und dies auch von seinen Mitarbeitern erwartet. Natürlich gibt es Situationen, bei denen noch Überstunden gemacht werden müssen. Jedoch sollte der Manager seine Kapazitäten und die der Mitarbeiter beherzigen und es sich und seiner als auch dessen Familien gönnen, am Ende des Tages einen Schlussstrich zu ziehen und zu entspannen. So kann er Kraft für sich selbst, die Familie und das Unternehmen gewinnen. Nur so können Ehen gehalten werden, haben auch Kinder etwas von ihren Eltern, und die gefährlich steigende Latte des Burn-out kann endlich gedrosselt werden. Die Führungskraft sollte sich dieses Wertes bewusst sein und Verantwortung für sich und seine Mitarbeiter und Familie übernehmen.

Für die Studie »Die Werte des Top-Managements« befragte das Unternehmen Sinus Sociovision etwa 180 Vorstandsmitglieder von Dax-, MDax- und grossen Familienunternehmen zu ihren ethischen Ansprüchen. Die Werteorientierung der Manager folgte dabei nicht allein weltanschaulichen Motiven, sondern auch Nützlichkeitserwägungen. Danach ist das Verantwortungsbewusstsein bei einem Drittel der Bevölkerung von immenser Bedeutung – dafür aber für fast drei Viertel der Topmanager. »Christliche Werte« sind für 86 Prozent der Vorstände entscheidend, aber nur 41 Prozent für die Allgemeinheit. Die Manager gehen davon aus, dass ein Unternehmen, das gesellschaftlich anerkannte Werte respektiert und fördert, langfristig auch erfolgreicher ist. 67 Prozent sind der Meinung, dass die langfristige Perspektive eines Unternehmens immer wichtiger ist als kurzfristige Gewinnmaximierung, 59 Prozent halten langfristige Glaubwürdigkeit des Unternehmens wichtiger als kurzfristigen Erfolg. Was ist davon zu lernen?

Ich bin mir nicht ganz sicher, ob die Ergebnisse der Studie von Sinus Sociovision wirklich repräsentativ sind. Wohl ist nachzuvollziehen, dass DAX-Vorstände über größere Weitsicht verfügen. Und doch ist der Weg von der Einsicht bis zur Ausführung ein langer und beschwerlicher, weil sich Verhaltensweisen nicht per Gesetze ändern lassen. Weil es sich also um langfristige Änderungsprozesse handelt, besteht zudem die Gefahr, dass der Wunsch nach kurzfristigem Geschäftserfolg größer ist als das Bemühen um langfristig wirksame Werteorientierung. Im Topmanagement von

Großunternehmen, wo meist drei- oder fünfjährige Verträge abgeschlossen werden, ist die Fluktuation entsprechend hoch und sind kurzfristig wirksame Maßnahmen gefragt.

Wie können in Unternehmen unnötige Entscheidungswege und häufige Meetings vermieden werden?

Das ist ein Problem. Wir hatten auch jede Woche ein Meeting, das nicht viel brachte, da sich die Leute teilweise einfach nur profilieren wollten. Viele Meetings sind reine Zeitverschwendung. Die Ursachen für lange Entscheidungswege liegen meiner Ansicht nach bei vier gewichtigen Gründen: Zum einen die mangelnde Risikobereitschaft, zweitens zu viele Meetingteilnehmer, drittens die Tendenz, Entscheidungen nicht auf der Basis von Fakten, sondern nach politischem Kalkül zu treffen und viertens zu lange Meetings, die unstrukturiert, nicht gut geleitet und vorher nicht durchdacht wurden. Eine Führungskraft möchte um jeden Preis Fehler vermeiden, denn jeder Fehler könnte sich auf die Karriere negativ auswirken. Infolgedessen wird die Sache lieber zigmal durch alle Instanzen hindurchgetragen und -geprüft. Am Ende entscheidet doch das Top-Management, was politisch gerade opportun ist.
Die Häufigkeit von Meetings hat auch folgende Gründe. Niemand ist mehr in der Lage, alles allein zu überschauen. Die Komplexität der betrieblichen Prozesse ist zu groß geworden, als dass ein sicherer Schuss aus den Hüften noch möglich wäre. Ein weiterer Grund ist der, dass es viele Chefs heute nicht mehr wagen, selbst zu entscheiden. Das wird ihnen dann sofort angekreidet und es heißt, sie seien nicht teamfähig. Auch herrscht hier die Angst, zu versagen.

Welche Lösungen gibt es?

Entscheidungen können beispielsweise konsequenter nach unten delegiert und Mitarbeiter ermuntert werden, sich nicht vor Fehlern zu fürchten. Allerdings setzt das voraus, Mitarbeiter für einmal begangene Fehler nicht gleich abzustrafen. Wer keine Fehler macht, kann auch schließlich aus Fehlern nicht lernen.

Weshalb haben einige Manager mit unsichtbaren Werten ein Problem? Weil sie nicht greifbar sind und sie ihre Macht ausschliesslich über ihre Position definieren?

Ursache ist, dass das Vorleben unsichtbarer Werte (noch) nicht als Erfolgsfaktor gesehen wird. Stattdessen ist die harte Ellbogen-Mentalität immer noch weit verbreitet – so, wie das Foulspiel im Fußball nicht wegzudenken ist. Im Gegensatz zum Fußball wird Foulspiel im Management nicht einmal geahndet, sondern unter Umständen sogar noch belohnt. Meines Erachtens kommt es auf ein Vorleben der Werteorientierung von oben her und auf bessere Transparenz und Kontrolle innerhalb der Unternehmen an.

Weshalb machen antrainierte Gesten und die Hingabe an neueste Managementtools Manager nicht glaubwürdiger?

Immer dann, wenn unternehmerische Entscheidungen nicht mit dem übereinstimmen, was nach außen vorgegeben wird, gibt es große Probleme mit der Glaubwürdigkeit. Das gilt für alle Lebenslagen. Wenn also ein Vorstandsvorsitzender eines Großunternehmens heute noch den Mitarbeitern für ihren besonderen Einsatz und großartige Leistungen dankt und morgen vor der Presse verkündet, Tausende von Mitarbeitern zu entlassen, so entspricht das dem allgemeinen Verständnis nach nicht dem, was von außen betrachtet unter Glaubwürdigkeit verstanden wird.

Vor diesem Hintergrund ist ein Rückblick auf die Wurzeln der Vergangenheit notwendig, weil er lehren kann, was gutes Benehmen heute ausmacht. Wo sind Höflichkeit und Manieren entstanden, und was macht die Etikette aus?

Etikette-Regeln wurden am französischen Hof geprägt, dort, wo Bildungs- und Geldelite zusammenkamen. Am Hof erhielt jeder Einzelne einen festen Platz und eine bestimmte Rolle zugewiesen. Das diente dem Ausbau und der Sicherung der Vorrangstellung des Königs als auch zum Zeichen des Respekts den Gästen gegenüber. Neuankömmlinge wurden mit »étiquettes« versehen, kleinen Tafeln mit Verhaltensanleitungen, wie sie sich verhalten sollten. Später galt die Etikette als hervorragendes Rüstzeug, um die Selbstsicherheit zu stärken und die zwischenmenschliche Kommunikation zu verbessern. Heute allerdings wird mit gutem Benehmen vor allem Toleranz und Weltoffenheit ausgedrückt.

Was änderte sich mit der antiautoritären Bewegung Ende der 60er Jahre des 20. Jahrhunderts?

Frauen wurden mutiger, ließen sich nicht mehr alles gefallen und wurden selbstbewusster. Sie wollten sich »entpuppen«. Die Nachkriegsgeneration wollte sich um jeden Preis von ihren Eltern abgrenzen – gutes Benehmen galt als Reglementierung der Freiheit. Eltern trauten sich nicht mehr, ihre Vorbildfunktion als auch die Rolle eines Oberhauptes der Familie wahrzunehmen. Stattdessen begaben sie sich mehr auf die untere Ebene der Kinder und wollten ihre Rolle als »Kumpel« leben. Dass die Kinder jedoch ihre eigenen Kumpels hatten und in ihren Eltern keine Kumpels sondern Vorbilder, die sich selbst wertschätzten, sehen wollten, wurde missachtet. Dies gab den Kindern einerseits eine Masse an Freiheit, jedoch zu wenig Rahmen. Dazu kam, dass sich Frauen nicht mehr in den Mantel oder beim Tür aufmachen helfen ließen. Sie forderten mehr Hilfe im Haushalt und versuchten, stärker zu erscheinen. Zugleich entmutigten diese »starken« Frauen die Männerwelt, denn nun durften die Männer den Frauen nicht mehr ihre Verehrung beweisen, geschweige denn rücksichtsvoll mit ihnen umgehen. Kavaliere wurden nicht honoriert. Für einige Jahrzehnte gerieten gute Umgangsformen fast in Vergessenheit.

Weshalb kommt es zu Beginn des 21. Jahrhunderts in Deutschland zu einer Wiederbelebung der Höflichkeit?

Die Wiederbelebung der Höflichkeit ist eine Folge gesellschaftlicher Veränderungen. Wir leben in einer Welt, die immer mehr zusammenwächst und außerdem auch immer hektischer wird. Und Höflichkeit ist einfach die Sprache, die überall verstanden wird. Wer höflich ist, respektiert die eigene als auch andere Kulturen und nimmt Rücksicht. Wer sich höflich verhält, tritt niemandem zu nahe und wird dafür geachtet und wertgeschätzt.
Die Jugend sucht stärker denn je nach Werten und Stützen, und sie bedient sich dabei gern alter Traditionen. Viele Schulen bieten verstärkt auch heute Tanz- und Benimmkurse an; fast jeder Haushalt besitzt einen Knigge oder andere Ratgeber für moderne Umgangsformen. In den Banken, an Universitäten, auf Messen und im Wirtschaftsleben boomen »Knigge-Kurse« oder »Business-Etikette-Seminare«.

Ihre Familiengeschichte hat entscheidenden Einfluss auf das, was Sie anderen vermitteln. Der Name »von der Marwitz« entstammt einem alten Adelsgeschlecht. Was können Sie zu seiner Entstehung sagen?

Zunächst ist der Name »von der Marwitz« der Name meines Mannes. Ich selbst bin eine geborene »von Eisenhart-Rothe«. Meine Großeltern mütterlicherseits sind »Grafen von Roon« und »von Dewitz«.
Nun zu der Familiengeschichte der von der Marwitz: die Endsilbe des Namens Marwitz ist fraglos slawischen Ursprunges und steht im Zusammenhang mit einem Ort Marwitz in der Nähe von Landsberg an der Warthe, den es schon im 13. Jahrhundert gegeben hat. Der Ort wird erstmalig 1337 als Besitz des Henning von Marwitz urkundlich erwähnt. Dass der Familienname von dem Ort stammt und nicht umgekehrt, kann mit einem hohen Grad

an Wahrscheinlichkeit angenommen werden. Die Inbesitznahme der Neumark erfolgte durch deutsche, aus dem Westen stammende Ritter und deren Gefolge. Üblicherweise wurden damals geleistete Dienste durch Belehnung mit Land abgegolten. Die Belehnten trugen ursprünglich wahrscheinlich keinen Familiennamen, da dies im 12. und 13. Jahrhundert noch unüblich war. Üblich in dieser frühen Zeit war dagegen, dass der Belehnte sich den Namen seines Lehens beilegte bzw. von anderen und seinem Lehnsherren als der – in unserem Falle – Herr von Marwitz, bezeichnet wurde. Aus vielen Urkunden ist zu entnehmen, dass die Schreibweise des Namens bis in das 15. Jahrhundert uneinheitlich war. So finden wir neben Marwitz beispielsweise Marwytz, Marvitzen, Mareviz und Machwitz. Dass es sich manchmal sogar um den gleichen Mann handelt, beweisen Urkunden, in denen der Vogt des Deutschen Ordens einmal mit Machwitz und kurze Zeit später mit Marwitz erwähnt wird. In einer Urkunde in Reetz erscheint am 23. April 1354 der Name zum ersten Mal als »von der Marwitz«. Eine Sage besagt, dass die Familie Marwitz im Mannesstamm erloschen war und nur noch eine Jungfrau des Namens vorhanden war. Als diese ins mannbare Alter kam, reiste sie zum Kaiser, warf sich ihm zu Füssen und erbat von ihm die Gnade, dass die männlichen Nachkommen aus einer eventuellen Ehe den Namen von der Marwitz tragen dürften, damit der Name nicht ausstürbe. Der Kaiser genehmigte ihre Bitte mit der Auflage, dass die männlichen Nachkommen den Namen »von der Marwitz« (anstatt von Marwitz) zu führen hätten. Diese Sage wurde ebenfalls in das Wappen übernommen, das einen alten Baum zeigt, aus dem neue Triebe schlagen, zusammen mit einer – ursprünglich knieenden – Jungfrau[4].
Ein großes Vorbild der Familie v. d. Marwitz, das noch immer vom deutschen Militär befeiert wird, ist Johann Friedrich Adolf von der Marwitz, geboren 1723 in Friedersdorf, Kreis Küstrin, und gestor-

4 Zusammenfassung in Anlehnung an »Nachtrag zur Geschichte der Familie von der Marwitz« von Walther v. Diest; 1929. Nachtrag von Ralph v. d. Marwitz; 1960. Zusammenfassung Fabian v. d. Marwitz, 2003.

ben 1781 in Berlin. Er war ein preußischer General der friderizianischen Epoche. Gegen Ende des Siebenjährigen Krieges eroberten die preußischen Truppen das Jagdschloss der Kurfürsten von Sachsen Hubertusburg in der Nähe von Leipzig. Marwitz bekam das Schloss von König Friedrich II. dem Großen geschenkt, mit dem Auftrag, es gründlich zu plündern (dies sollte die Rache des Königs für die Plünderung des Schlosses Charlottenburg im Jahre 1760 durch Russen, Österreicher und Sachsen sein, bei der der König seine schöne Antikensammlung verlor). Auf die Aufforderung des Königs, das wertvolle Mobiliar wegzuschaffen, antwortete Marwitz »es würde sich allenfalls für den Offizier eines Freibataillons schicken, nicht aber für einen Kommandeur Seiner Majestät Gendarmes« und ersuchte um Abschied aus der Armee. Viele Jahre in Ungnade bei Friedrich II., erhielt Marwitz neue Anstellung erst im Bayerischen Erbfolgekrieg als Generalkriegskommissar des Königsbruders Prinz Heinrich von Preußen. Gegen Ende seines Lebens wurde er zum Generalmajor befördert. Bei der Erbteilung war ihm das Familiengut Friedersdorf zugefallen, er kümmerte sich aber wenig darum und verweilte in Berlin bei seinen Büchern und Gemälden. Er starb, wie sein Neffe schreibt, »völlig insolvent«, war aber »ein sehr braver und in großer Achtung stehender Soldat, ein feiner und sehr gebildeter Weltmann, ein großer Freund der Literatur und der Kunst«.

Auf seinen Grabstein in Friedersdorf ließ sein Neffe Friedrich August Ludwig von der Marwitz nebst den üblichen Angaben folgende Worte setzen: »Sah Friedrichs Heldenzeit und kämpfte mit ihm in all seinen Kriegen. Wählte Ungnade, wo Gehorsam nicht Ehre brachte.« und drückte damit seine Auffassung über die Freiheit des Adels aus, zu dienen und notfalls gegen den König oder ohne ihn handeln zu dürfen.

Erleichtern gute Umgangsformen das Zusammenleben von Menschen?

Aber selbstverständlich! Wer keine guten Umgangsformen besitzt, hat es vor allem im Berufsleben schwer. Denn in unserer Dienstleistungsgesellschaft kann das nicht parkettsichere Auftreten eines Mitarbeiters den Ruf eines Unternehmens sehr schnell gefährden. In vielen Ländern wird ein Mensch, der wertschätzend, höflich, bescheiden, lockerer (wie beispielsweise in Südeuropa oder in Lateinamerika) und authentisch auftritt, mehr geachtet, und hat dadurch viel mehr Chancen, Vertrauen zu erwecken. Uns Deutschen wird oft nachgesagt, dass wir zu direkt, zu genau, zu steif und zu humorlos im geschäftlichen Bereich auftreten.
Seien Sie lockerer, wenn Sie beispielsweise nach Italien reisen. Trinken Sie lieber eine Tasse Tee statt Druck auszuüben und gleich auf den Punkt zu kommen oder mit der Tür ins Haus zu fallen, und lernen Sie Ihre Kunden persönlich kennen. Das werden Ihnen die Italiener als auch viele andere internationale Kunden sehr danken. Frauen haben eine Stufe der Emanzipation erreicht, in der sie um ihre Stellung keine Angst mehr zu haben brauchen. Sie haben einen großen Schritt nach vorne getan, sind selbstsicherer geworden und sind dabei, ihre großen Stärken zu erkennen. Dadurch haben sie in der Wirtschaft erheblich mehr Aufstiegschancen – sie sind »emanzipierter« geworden. Frauen wollen wieder höflich und respektvoll behandelt werden. Ihre Ansichten sind wieder klassischer und wertebewusster geworden.

Weshalb sollten Unternehmen die Talente und Potenziale der Frauen stärker in die Unternehmensstrategien einbeziehen?

Analysen zeigen, dass in dem Moment, in dem Frauen in Führungsfunktionen sind, sie mindestens das Gleiche leisten und in komplexen Unternehmensstrukturen sogar mehr als ihre männlichen Kollegen erreichen, weil sie offenbar in der Lage sind, Zusammenhänge nüchterner zu bewerten und zu rationaleren Entscheidungen zu gelangen. Trendforscher prophezeien seit langem, dass die Zukunft den Frauen gehört, weil sie immer besser ausgebildet sind. Tatsächlich machen Mädchen mittlerweile häufiger Abitur als Jungen und haben die besseren Noten. Frauen studieren häufiger als Männer und weisen auf bessere Abschlüsse hin. In den Wirtschaftswissenschaften liegt der Anteil der Absolventinnen inzwischen bei 50 Prozent. Eigentlich müssten Frauen auf dieser Bildungswelle bis in die obersten Chefetagen gelangen. Trotzdem liegt der weibliche Anteil im Topmanagement bei 9 Prozent, auf der Vorstandsebene bei 2,5 Prozent. Und seit Jahren stagnieren die Zahlen. Deshalb sollten Frauen eigene Netzwerke aufbauen und diese pflegen, denn Karriere läuft auch über Kontakte. Zudem sollten Allianzen mit Männern aufgebaut werden.

Immer wieder kommt es vor, dass Männer versuchen, Frauen mit sexuellen Anspielungen zu verunsichern. Was raten Sie den Betroffenen?

Obwohl es mir persönlich noch nicht vorgekommen ist, höre ich von vielen Frauen, dass typische Äußerungen folgende sind: »Da hat wohl heute eine wieder ihre Tage«, »Schätzchen« oder »Nun seien Sie mal nicht so emotional«. Solche Bemerkungen sollten Frauen gelassen an sich abperlen lassen. Auf keinen Fall sollten sie zickig reagieren oder peinlich berührt lächeln. «Junge Frau« lässt sich wunderbar mit »junger Mann« kontern – vor allem bei einem 50-Jährigen. Und wenn eine Frau in einer Konferenz mit »Mausi« angesprochen wird, kann sie vor versammelter Mannschaft um ein Vieraugengespräch bitten. Das zeigt in der Regel große Wirkung.

Wie sollte eine Lady reagieren, wenn ihr jemand das »Du« anbietet, sie dieses Angebot aber nicht annehmen möchte?

Sie sollte für das Angebot danken: »Es freut mich sehr – es ist mir eine Ehre«. Sie sollte freundlich bleiben und nicht in der »man«-Form, sondern in der »ich«-Form sprechen. »Ich möchte jedoch Ihr Angebot nicht annehmen«. Sie kann den Grund erläutern, wenn sie es möchte. Aber je mehr sie sagt, desto mehr Ansatzpunkte hat sie für eine Diskussion. Zügig darf sie zu einem anderen Thema übergehen.

Viele gut ausgebildete Frauen machen, besonders, wenn sie Kinder bekommen, das Spiel der Männer um Macht und Status nicht mehr mit. Was ist der Grund dafür?

Oft wollen sie zu den Bedingungen, wie sie in männlich geprägten Unternehmenskulturen üblich sind, keine Karriere machen: 60-Stunden-Woche, Dauerstress, Konkurrenzkämpfe. Zwar steigen einige neugierig in aussichtsreiche Jobs ein – aber nach wenigen Jahren wieder aus. Als Begründung höre ich häufig diesen Satz: »Das tue ich mir doch nicht an.« Frauen finden die ständigen Machtspiele der Kollegen zermürbend. In den höchsten Positionen fällt es ihnen sehr schwer, länger in einem »Haifischbecken« mit zu schwimmen. Durchhalten hieße, sich ständig zu sagen: »Hauptsache, mein Geld liegt auf dem Konto«, »Mir ist es wichtig, nach oben zu kommen, egal, wie eifersüchtig meine Kollegen reagieren«, »Wie es meinen Mitarbeitern geht, ist mir nicht wichtig – Hauptsache, ich kann mein Ziel verfolgen«. Diese Denke ist oft wider ihre Natur.

Da die Wirtschaft immer noch als Männerdomäne gilt, wagen es viele Frauen erst gar nicht, sich für entsprechende Führungspositionen zu bewerben – selbst, wenn es ihrem Profil und ihrem Lebenslauf entsprechen würde. Was raten Sie ihnen?

Frauen müssten grundsätzlich selbstbewusster sein, wenn sie sich auf ein Gebiet spezialisiert haben und sich ihrer Fähigkeiten bewusst sind. Die Frau denkt: »Kann ich mich bewerben – bin ich qualifiziert genug?«, Männer sagen: »Klar mache ich das!«. Die meisten Männer nehmen an Mannschaftssportarten teil, bei denen sie lernen, zu gewinnen oder zu verlieren. Dadurch haben sie einen klaren Vorteil. Frauen dagegen sind beziehungsorientiert. Auch sollten sie Ängstlichkeit und Selbstzweifel überwinden. Auch ein Ellenbogenverhalten gehört ab und zu dazu – zugunsten der Firma. Frauen fühlen sich immer für alles und alle verantwortlich. Sie sollten lernen, zu delegieren, selbstbewusster aufzutreten und nicht alle Probleme immer sofort als die ihren anzusehen.

Was macht es Frauen darüber hinaus schwer?

Neid und Vorurteile von angeblichen Freunden und Bekannten machen es ihnen sehr schwer, ihre Position selbstbewusst und energisch zu vertreten. »Frauen haben Haare auf den Zähnen«, heißt es dann, »Der Mann macht wohl nur den Haushalt!« oder: »Die Kinder werden ja doch nur vernachlässigt!«. Was diese Managerinnen jedoch für ihre Arbeit aufgeben müssen, ist für viele Menschen nicht vorstellbar.

Wie wird eine Lady definiert?

Die »Lady« ist ein englischer Titel für adlige Damen, wie »Sir« für adlige Herren. In diesem Buch möchte ich mit dem Wort »Lady« jedoch keine adlige Frau definieren, sondern eine »Dame«.

Was ist eine Dame?

Eine »Dame« ist kein Titel und beschränkt sich nicht nur auf adlige Frauen, sondern bedeutet: eine stilbewusste weibliche Frau. An der Art, wie sie einen Raum betritt, sich bewegt und wie sie redet ist zu erkennen, dass sie Stil besitzt. Stil, der nicht nur durch ihre Kleidung unterstrichen wird, sondern der vor allem aus ihrem inneren Denken und Verhalten kommt.

Welche Werte besitzt eine Lady oder Dame?

Eine Lady ist selbstbewusst, beherrscht in jeder Situation, stets gepflegt und elegant. Sie ist jederzeit höflich, hat einen geraden Gang, grazile Bewegungen, eine klare Art zu sprechen und verfügt über ein gutes Allgemeinwissen, das ihr eine mühelose Konversation erlaubt. Kennt sie sich im Thema nicht aus, schweigt sie und hört zu. Taktlosigkeiten und Malheurs übersieht sie mit Würde. Eine Lady hat ein offenes Herz, ist großzügig, steckt niemanden in eine »Schublade«, ist milde, symbolisiert Weiblichkeit, hat Autorität, weiß genau, welche Werte ihr wichtig sind und ist bescheiden in ihrer Art.

Eine Dame, die unnatürlich und übertrieben wirkt und auch so auftritt, ist keine Dame. Sie hat es nötig, ihr »Dame sein« zu demonstrieren, »fein« zu wirken, ohne es im Inneren zu sein und zu leben. Eine Lady, die wie auf dem Laufsteg ihre Kleider zur Schau stellt, ein ausgeprägtes Markenbewusstsein hat, ihren kleinen Finger beim Trinken von sich streckt, ist wahrlich keine Dame. Sie will lediglich auffallen und etwas »Besonderes« sein – eine Dame dagegen ist, wie schon erwähnt, bescheiden und hat es nicht nötig, aufzufallen, da sie in sich ruht, sich zurücknehmen kann und selbstbewusst ist.

Ja, ich erlebe es selbst, aber es wird uns Frauen nicht einfach gemacht. Kindererziehung ist meist immer noch Sache der Frau. Problematisch ist die Situation, in der erziehende Mütter gleichzeitig arbeiten, also ein »Doppelleben« führen, weil das Familieneinkommen sonst nicht ausreicht. Hier gibt es tatsächlich Probleme in Unternehmen, weil die Frauen, die buchstäblich Doppelarbeit verrichten, dadurch beruflich zurückfallen. Denn auch zu Hause werden die Komplettversorgung und ein reibungsloser Gesamtablauf erwartet. Unterstützung wie eine Haushaltshilfe oder die Hausaufgabenbetreuung für die Kinder muss sie sich selbst erkaufen und wird, wenn sie dies tut, immer noch moralisch als »Rabenmutter« angesehen und unter Druck gesetzt. Frauen, die gern arbeiten möchten, brauchen auch die Unterstützung der Männer! Kinder zu haben muss mit einem beruflichen Kürzertreten seitens der Frau oder ihres Partners verbunden sein; nur dann ist Lady, Mutter und Beruf vereinbar!

Was empfehlen Sie?

Ich sehe die Notwendigkeit für die Schaffung neuer Arbeitszeitmodelle, familiengerechtere Arbeitsplätze, flexiblere Kindergartenzeiten und eine umfassendere längere Betreuungszeit, vermehrte Teilzeitangebote und großzügigere Auszeiten für Mütter und Väter. Auch plädiere ich für »Toleranz« gegenüber jeder Frau, egal, wie sie sich entscheidet, sei es für das Zuhause bleiben oder ihren Beruf.

Auf keinen Fall kann ich unterstützen, dass die Unterhaltszahlungen bei einer Scheidung aufhören, sobald das Kind 3 Jahre alt ist und dann die Frau den ganzen Tag lang arbeiten muss. Die Frau muss selbst entscheiden dürfen, ob sie es mit der Fürsorge des Kindes vereinbaren kann, den ganzen Tag lang auf Fremdbetreuung angewiesen zu sein.

Wie definieren Sie die Frau von heute?

Sie hat sich die Chance erarbeitet und den Mut bewiesen, ihre Fähigkeiten zum Tragen zu bringen und ist entsprechend erfolgreich. Sie muss nicht, wie unsere Großmütter, darum kämpfen, Pfarrerin, Pilotin oder gar eine Managerin sein zu dürfen. Früher war es in Deutschland ein Dogma, dass Frauen ihre Weiblichkeit zurückhielten. Heute stehen auch Frauen in Führungspositionen zu ihrer weiblichen Rolle. Die Ansprüche an die berufstätige Frau werden jedoch immer größer: längere Arbeitszeiten, weitere Reisen, immerwährende Erreichbarkeit am Handy, Druck und Gier. Persönlichkeit ist nun gefragt. Bin ich eine Führungskraft? Wer oder was motiviert mich, was fehlt mir noch zur »echten« Persönlichkeit? Kann und will ich mich durchsetzen, lässt sich bei mir das Private und das Berufliche vereinbaren? Skrupellos zu sein, keine Rücksicht auf die Befindlichkeiten der Mitarbeiter zu nehmen, Erfolge zu feiern und Ziele anzuvisieren – das sind Stärken vieler Männer, die ihnen beim beruflichen Aufstieg nutzen. Frauen können besser kommunizieren und haben andere Stärken und »Antennen«.

III. TEIL

LADY VON KOPF BIS FUSS

IM FOLGENDEN MÖCHTE ICH SIE AUF EINIGE DINGE AUFMERKSAM MACHEN, DIE EINE LADY AUSMACHEN:

ALLGEMEINE ETIKETTE

DAS TRAGEN EINES HUTES

Eine Lady darf im Privaten immer den Hut auflassen. Allerdings sollte sie im Theater und bei Hochzeiten auf die hinter ihr Sitzenden Rücksicht nehmen und einen kleinen Hut oder Hutersatz tragen. Im geschäftlichen Bereich gehört der Hut nicht zum Business-Dress.

DIE HAARPFLEGE

Im Beruflichen sollten sich die Ladies mit längerem Haar, die sie sonst gerne offen tragen, hochstecken – zumindest gilt dies unter älteren Kolleginnen als guter Stil. Bei älteren Damen wirken lange Haare, die nicht hochgesteckt sind, peinlich, da der Eindruck entstehen könnte, dass sie den Stolz auf ihre Haare, die im Wind wehen, ausdrücken und dadurch jünger und attraktiver wirken möchten. Wenn früher ein Mann zu seiner Frau sagte, sie möge ihr Haar öffnen, war dies etwas ganz Persönliches. Herunterhängende lange, über die Schulter fließende Haare, sollten im Business gut gepflegt und auch nur bei jüngeren Frauen getragen werden. Beim Essen sollte sich die Lady unbedingt die Haare hochstecken oder zum Pferdeschwanz binden, da hier lange Haare einen ungepflegten Eindruck machen oder auch unappetitlich wirken.

DAS NIESEN

Das Niesen anderer wird völlig überhört – der Kommentar »Gesundheit« ist überflüssig. Grund: Das Niesen ist menschlich – das Wünschen der Gesundheit könnte demjenigen das Gefühl geben, gestört zu haben oder andere als »Kranker« anzustecken. Es sollte beim Niesen ein Taschentuch oder die Außenseite der linken Hand benutzt werden.

DER KUSS

Der Kuss gehört in Deutschland nicht in den Geschäftsbereich. Ausnahme: Bei einer Verabschiedung einer Kollegin/eines Kollegen, der/die sehr vertraut ist. Hier gilt: eigene Wange rechts, eigene Wange links. Ein Kuss im Bekanntenkreis hat sich mittlerweile eingebürgert.
Ein Kuss zwischen Liebenden sollte auf offener Straße vermieden werden (und dies ganz besonders im Ausland) – es zeugt von Taktlosigkeit. Diese Geste kann bei den Umstehenden verschiedene Emotionen, wie beispielsweise Traurigkeit (bei denjenigen, die auch gern verliebt wären oder gerade eine Partnerschaft zu Bruch ging), Irritation bei Kindern oder peinliches Berührtsein hervorrufen. Es ist einfach zu persönlich und gehört nicht in die Öffentlichkeit.

DER GEBRAUCH DES PARFUMS

Starke, aufdringliche Gerüche sind zu vermeiden. Ladies sollten den einmal gewählten Duft diskret und kaum wahrnehmbar verwenden. Immer wieder höre ich aus der Männerwelt, dass sie starkes und zu billiges Parfum sehr stört.

DAS HUSTEN UND NIESEN

Beides sollte dezent ausgeübt werden, niemals geräuschvoll oder ohne die Hand vorzuhalten. Verwenden Sie das Taschentuch (aus Stoff) möglichst geräuschlos, dabei sollte es so unauffällig wie möglich sein. Vermeiden Sie bitte in asiatischen Ländern die Benutzung des Taschentuches bei Tisch. Es ist dort angemessener, bei Tisch aufzustehen und sich die Nase außerhalb des Raumes zu putzen.

DAS SEUFZEN UND GÄHNEN

Beides sollte unterdrückt werden oder unmerklich geschehen. Wenn Sie gähnen, dann vergessen Sie bitte nicht, sich die Hand vorzuhalten.

DAS LIFTING UND DIE BRUSTVERGRÖSSERUNG BZW. – VERKLEINERUNG

Sehr allgemein gesprochen (es gibt natürlich immer Ausnahmen, bei denen diese Operationen nicht zu vermeiden sind), ist zu empfehlen, zum Alter und seinen Spuren zu stehen. Es gibt für die eigenen Kinder nichts Peinlicheres als Mütter, die immer viel jünger aussehen wollen und Probleme mit ihrem Älterwerden haben. Frauen wollen mit über 40 mit ihren Kindern in die Disco gehen, sehen deren Freunde als Kumpel, tragen Miniröcke und machen sich zum Teil dabei mitunter lächerlich. Mehr Männer als wir meinen ziehen eine ausgeglichene und authentische Persönlichkeit (stilvolle Lady) mit Fältchen einer sich immer wieder »unter das Messer« legenden Frau vor, die unzufrieden und mit sich und der Welt nicht im Reinen ist. Auch kann eine rundlichere Frau weicher wirken und hat für viele Männer eine spontan sympathischere Ausstrahlung.

DIE HALTUNG

DIE HALTUNG BEIM SITZEN

Nun schenke ich dem Sitzen die Aufmerksamkeit. Sie sitzen oft länger als dass Sie stehen oder gehen. Wenn Sie sich setzen, dann sollte dies dezent, leise und ruhig sein. Ladies sollten sich mit geradem Rücken und geschlossenen, parallel liegenden Beinen, setzen. Ein »Hinplatschen« wirkt nicht sehr damenhaft. Sitzen Sie gerade und ungezwungen, weder zu steif noch lässig zusammengesunken. Das Übereinanderschlagen der Beine war früher nicht zulässig, heutzutage ist es erlaubt; gesünder ist es jedoch dennoch, die

Beine parallel und seitlich zu stellen. Ob Sie die Beine, während Sie am Tisch sitzen, parallel halten oder übereinander schlagen, kann deutlich an Ihrer Haltung gesehen werden. Unschön ist das Langausstrecken der Beine, das Quer- und Rittlingssitzen auf dem Sessel als auch das Fußschlenkern – und Fuß zittern.

DIE HALTUNG BEIM STEHEN

Eine ruhige, natürliche und gerade Haltung, auch beim Stehen, zeichnet eine Lady aus. Egal, ob Sie besonders belesen oder die beste Unterhalterin sind – durch Ihre falsche bzw. unpassende Haltung wird Ihr erster positiver Eindruck abgewertet.

DIE STILVOLLE UND ELEGANTE GANGART

Eine Lady bewegt sich mit geradem Rücken, erhobenem Haupt und mit leichtem und leisem Schritt. Um gerade zu gehen, stellen Sie sich vor, dass Sie am obersten Scheitelpunkt des Kopfes von einem goldenen Faden nach oben gezogen werden – nun ist Ihr Kopf erhoben. Üben Sie, indem Sie das Kinn etwas nach unten neigen und sich der Nacken verlängert. Dann richten Sie den Kopf wieder auf. Schreiten Sie elegant und würdevoll.

DAS GEMEINSAME GEHEN

In Deutschland geht der Herr immer links und Sie als Lady rechts. Dies kommt wohl daher, dass der Herr früher auf seiner linken Seite einen Säbel trug. Um die Dame nicht zu verletzen, lief diese auf der rechten Seite. In England ist dies genau anders herum.
Wenn Sie beispielsweise in einem Hotel sind und Ihnen das Personal den Weg zeigt, sollte das Personal vorausgehen, da sich die Gäste nicht auskennen. Auch hier ist es, wenn möglich, am Geschicktesten, wenn Sie nebeneinander laufen können.
Beim Laufen auf einem Bürgersteig (die Straße ist rechts der Dame), möchte der Herr die Dame vor den Gefahren des Verkehrs beschützen und wechselt auf ihre rechte Seite.

DIE HALTUNG DER ARME UND DER HÄNDE

Die Arme sollten entweder ungezwungen herabhängen oder leicht gebogen getragen werden. Außerdem sollten die Hände nicht in die Tasche gesteckt werden.
Ein wiederholtes Zurechtzupfen der Haarfrisur und ein mit dem Finger Kringeln der Haare, wie wir Frauen es gern tun, als auch das Berühren des eigenen Gesichts sollte vermieden werden. Die Hände sollten einfach entspannt auf dem Tisch oder dem Schoß abgelegt werden. Das Fingertrommeln auf der Tischplatte, Daumendrehen oder Spielen am Serviettenring straht Nervosität und Unsicherheit aus.

IN DEN MANTEL GEHOLFEN BEKOMMEN

Freuen Sie sich nicht auch, wenn Ihnen ein Herr in den Mantel hilft? Halten Sie als Herr den Mantel an den Schultern und entnehmen Sie aus der Gestik der Dame, mit welchem Arm sie zuerst in den Ärmel schlüpfen möchte. Die meisten Damen benutzen zuerst den rechten Arm, um sich den Mantel anzuziehen. Wenn beide Arme ihren Ärmel gefunden haben, zieht der Kavalier den Mantel nach oben.

DIE TÜR AUFGEHALTEN BEKOMMEN

Eine Dame sollte sich die Tür aufhalten lassen. Wenn sie beispielsweise bemerkt, dass ein Herr auf dem Flur auch in Richtung einer schweren Tür geht, lassen Sie ihn überholen, indem Sie Ihren Schritt verlangsamen und geben Sie ihm die Möglichkeit, Ihnen die Tür aufmachen zu können.
Oft beschleunigen Männer ihren Schritt wie ein Hündchen, überholen eilig, um rechtzeitig an der Tür zu sein. Und dann dürfen sie sich auch noch folgendes anhören: »Das kann ich doch selbst«. Immer wieder erzählen mir dies Männer, denn diese Tatsache verunsichert sie sehr.

DAS TREPPENSTEIGEN

Im beruflichen Raum geht der Ranghöhere voran, treppabwärts der Rangniedere. Im Privaten geht der Herr immer unterhalb der Dame, damit er sie gegebenenfalls auffangen kann. Sollte diese jedoch einen zu kurzen Rock tragen, sollte der Herr versuchen, neben ihr zu laufen. Wenn zwei Personen die Treppe hochsteigen, geht grundsätzlich der Herr unterhalb der Dame, um ihr beim Stolpern Unterstützung gewährleisten zu können.

DIE KOMMUNIKATION

DER SMALL TALK

»Ein kluger Mensch bemerkt alles,
ein Dummer macht über alles eine Bemerkung«
Heinrich Heine

Der Small Talk ist beim ersten Kontakt ein leichtes, lockeres und angenehmes Gespräch, statt mit der Tür ins Haus zu fallen. Dieses Gespräch soll eine angenehme, positive Atmosphäre schaffen.
Zum erfolgreichen Small Talk gehören vor allem menschliche Fähigkeiten. Sie sollten anderen Menschen grundsätzlich positiv entgegentreten. Wenn Sie sich in Ihr Gegenüber hineinversetzen können, es in seiner Art respektieren und Interesse an ihm zeigen, sind die Sympathien auf Ihrer Seite.
Worüber Sie sich auch unterhalten, äußern Sie soviel Lob und Anerkennung wie möglich und halten Sie sich mit Kritik und Meckerei zurück. Jeder unterhält sich lieber mit Menschen, die eine positive Einstellung zum Leben und zu ihrer Umgebung zeigen als mit Nörglern.
Durch Einfühlungsvermögen erleichtern Sie die Kommunikation. Jede Art mündlicher Unterhaltung bedingt vor allem aufmerksames Zuhören von beiden Seiten. Zuhören ist das schönste Kom-

pliment. 80 Prozent sollte zugehört und 20 Prozent gesprochen werden. Lassen Sie die oder den anderen zu Wort kommen, stellen Sie auch einmal Fragen, statt ständig das Wort zu führen.
Modeworte und umgangssprachliche Redewendungen wie »cool«, »geil«, »jepp« oder »der macht sich vom Acker« sollten vermieden werden. Auf der eigenen Meinung sollte nicht beharrt werden – es ist angemessener, über den Stein des Anstoßes hinwegzugleiten und die Unterhaltung auf andere Bahnen zu lenken.
Wichtig ist es, echtes Interesse statt Neugierde und Wertschätzung statt Kritik zu zeigen.
Es gilt weiterhin die alte Regel: Geld ist kein gutes Thema. Außerdem sind verpönt: brisante Themen wie Politik, Religion oder persönlich Belastendes wie Krankheiten und Todesfälle.
Das begonnene Gesprächsthema sollte möglichst allen Anwesenden bekannt sein und als interessant erscheinen. Ein fast unerschöpflicher Gesprächsstoff ergibt sich aus Reisen, Theater, Interessen und Wohnort. Sich zu unterhalten, klammert das Kritisieren der Gastgeber, das des Essens und der Gäste aus.
In der Öffentlichkeit als auch bei beruflichen Situationen, wie zum Beispiel bei Empfängen, sollten Sie nicht das Redemonopol an sich reißen. Es sind auch andere Gäste da, die mit dem selben Recht zu Wort kommen wollen, vielleicht sogar besser reden und mehr zu sagen haben. Zweideutige Redewendungen und Wortspiele, überhaupt alle auch nur im Geringsten anstößigen Anekdoten und Begebenheiten, sind strengstens verpönt. Wer lebhaft, anregend, gut und mit richtiger Betonung zu reden weiß, ist sich seines Zuhörerkreises sicher; nur muss damit die ebenso wichtige Kunst des zeitigen Aufhörens verbunden sein. Eigeninteressen und Fachunterhaltungen sind engstem Kreise vorbehalten. Auch hier gilt: lieber zu wenig als zu viel.
Das eigene »Ich« langweilt andere, wenn es zu viel Raum einnimmt. Das Auskramen wichtiger Gelehrsamkeit, endloser Geschichten, deren Kern und Sinn kaum herauszuschälen sind, allzu weite Ausholungen – kurz alles, was nach anmaßendem Hervordrängen aus-

sieht, sind zu unterlassen. Bescheidenheit ist die Zierde und das Merkmal jedes wirklich Gebildeten. Vermeiden Sie es, abwesende und gemeinsame Bekannte und ihre Verhältnisse anzusprechen.

DIE GESPRÄCHSATMOSPHÄRE BEIM ERSTEN KUNDENBESUCH

Lassen Sie sich beim ersten Kundengespräch weder durch Telefonate, Besucher oder akustische Signale des E-Mail-Eingangs stören – schaffen Sie eine schöne Gesprächsatmosphäre. Es bedarf nur einer gewissen angeborenen oder erworbenen Feinfühligkeit für den rechten Augenblick, in welchem dieses oder jenes am Platze ist. Übertriebene Selbstdarstellung nach dem Motto »Mein Haus, mein Auto, meine Jacht« kommt gar nicht gut an.

DIE REDE

Die Rede sollte deutlich und ausdrucksvoll sein. Bilden Sie Ihre Stimme. Nicht umsonst gilt die Regel, dass 58 Prozent des ersten Eindrucks aus dem Äußeren besteht, 38 Prozent jedoch aus der Stimme.

Es ist ein Vorzug, in wohllautenden Tönen zu reden, denn sie verleihen allem Sinn das richtige Äußere. Wer aus Bescheidenheit oder Affektiertheit lispelt, haucht oder flüstert, der erweckt ein unangenehmes Gefühl. Ebenso wenig sollten Sie laut und herausfordernd sprechen – bleiben Sie natürlich. Auch das Auge redet mit, darum blicken Sie dem Zuhörenden klar und offen ins Gesicht. Die gesprochenen Sätze sind kurz zu halten, und der Punkt am Ende eines Satzes sollte beachtet werden, indem die Stimme fällt. Worte sollten vorsichtig eingesetzt werden, denn sie sind wie eine Zahnpastatube: einmal herausgedrückt, können sie nicht mehr zurückgenommen werden.

DIE KOMPLIMENTE

Das rechte Kompliment zur richtigen Zeit kann Wunder bewirken und tut gut. Ob beim ersten Kennenlernen, nach langjähriger

Beziehung oder auch in der Geschäftswelt. Das Kompliment muss ehrlich gemeint sein. Die Reaktion auf Komplimente ist je nach Kultur unterschiedlich: Während Sie in Ländern wie China oder Japan dazu verpflichtet sind, ein Kompliment mehrmals zurückzuweisen, etwa mit Worten wie: »Ach nein!«, »Sie übertreiben!« oder »Zu viel des Lobes!«, ist es in Deutschland eher üblich, ein Kompliment dankend anzunehmen. Komplimente können eine gute Gesprächsatmosphäre schaffen: »Das hast du gut gemacht« oder »Es ist schön, mit dir zusammenzuarbeiten« – nach diesen Aussagen sehnen sich viele Menschen. Hier geht »das Herz auf«. Wir empfinden Freude und Glück, und unser Selbstvertrauen steigt.
Es gibt Menschen, die sich schwer damit tun, ein Kompliment oder ein Lob anzunehmen. Warum? Es gibt viele Gründe dafür. Sie haben Angst, durch das Kompliment zu einer Gegenleistung verpflichtet zu sein. Sie empfinden es als unangenehm, im Mittelpunkt zu stehen. Sie haben Angst, arrogant zu wirken. Sie glauben, kein Lob verdient zu haben. Oder sie vermuten hinter dem Kompliment Neid oder Manipulation. Die Folge ist, dass sie sich über das Kompliment nicht freuen können.

Folgende Reaktionen entstehen, wenn Lob unangenehm, ja peinlich ist:
Das Kompliment wird abgewertet, indem beispielsweise behauptet wird, dass die eigene Leistung nichts Besonderes ist oder nicht der Rede wert wäre. Es wird sofort mit einem Gegenlob erwidert, um die Aufmerksamkeit wieder auf den anderen zu lenken. Es wird sich selbst abgewertet und behauptet, dass die Leistung nicht der eigene Verdienst sei. Der Blick des anderen wird auf die eigenen Schwächen und Misserfolge gelenkt. Und dann gibt es die Menschen, die so tun, als wäre das Kompliment für sie nicht wichtig. Insgeheim sind sie jedoch stolz darauf. Dies kann damit zusammenhängen, dass sie oft die Botschaft gehört haben: »Bilde dir ja nichts ein« oder »sei nicht so überheblich.«
Ein Lob oder Kompliment darf auf alle Fälle angenommen wer-

den. Eine Lady darf sich freuen, dass dem anderen etwas an ihr gefällt. Deshalb ist sie nicht gleich überheblich. Auch, wenn die Lady das Kompliment vielleicht für übertrieben hält, sollte sie es als die persönliche Sichtweise des anderen annehmen. Eine angemessene Reaktion auf ein Lob oder Kompliment ist es beispielsweise, sich dafür zu bedanken: »Danke für Ihr Kompliment« oder: »Danke, das freut mich, tut mir gut, das ist nett von Ihnen ...«.

Ein Kompliment sollte nicht sofort zurückgegeben werden, indem dem anderen ein Kompliment gemacht wird. Das klingt nicht nur unehrlich, sondern entwertet dadurch auch das Kompliment und die gute Absicht des anderen. Zu einem späteren Zeitpunkt und wenn es passt, kann ebenfalls ein Kompliment gemacht werden.

Eine Situation, die mir immer wieder vorkommt, ist folgende: »Ist Ihre Bluse hübsch!«. »Ach, danke, die war ganz billig!«.

Wenn es einer Lady schwer fällt, Komplimente anzunehmen, weil sie denkt, das Kompliment nicht verdient zu haben, dann sollte sie an sich arbeiten. Wenn sie sich selbst gegenüber zu selbstkritisch ist und denkt, dass die Komplimente nicht in Ordnung sind, dann kann sie anderen auch nicht glauben, dass ihr Kompliment ehrlich gemeint ist. Generell sollten Sie sich in Erinnerung rufen: Unser Gegenüber hat sich die Mühe gemacht, uns etwas Nettes zu sagen. Er möchte uns damit eine Freude machen. Warum sollten wir ihm den Wunsch nicht erfüllen und uns über sein Kompliment freuen? Komplimente sind wie Geschenke, die nicht zurück gewiesen werden, sondern, für die Sie sich bedanken.

DIE MEINUNGSVERSCHIEDENHEITEN

Streitigkeiten auszufechten, verstößt gegen den guten Ton. Deshalb sollte die Dame schroffe Urteile in Sachen allgemeinen Interesses vermeiden oder gar an kirchlichen oder politischen Glaubensbekenntnissen rühren. Abgesehen davon, dass sie ganz besonders bei Themen des Glaubens das Gefühl anderer zu schonen verpflichtet ist, kann ein unvermuteter Zusammenprall auch recht ärgerliche, ja verhängnisvolle Folgen haben.

DIE NETIKETTE

Netikette besteht aus den Worten »Etikette« und »Net« (das Netz), also das Schreiben einer E-Mail. Personen werden nur über das, was sie in Mails schreiben, beurteilt. Diese sollten deshalb leicht verständlich und möglichst ohne Rechtschreibfehler und wie ein ordentliches Schreiben verfasst werden. Zu bedenken ist auch: Vielleicht lesen zukünftige Kollegen oder der zukünftige Chef mit. Vorurteile bilden sich leicht.

E-Mails sind wie ein stilvoller Brief zu verfassen, d.h. mit korrekter Anrede, Absätzen, Groß- und Kleinschreibung, richtigen Kommata und einer korrekten Abschlussformel. Auch sollte im Betreff ein angemessener Kommentar stehen. Wird dieser vergessen, kann die Mail im Spamsystem eines Unternehmens verschwinden. Sollte erwähnt werden, dass etwas in den Anhang gestellt wird, so darf nicht vergessen werden, dies auch zu tun.

STILVOLL UND ANGEMESSEN KONDOLIEREN

Kondolieren Sie, sobald die Nachricht vom Todesfall bekannt wird. Am besten mit einem Brief – das hindert Sie jedoch nicht daran, die betroffene Person auf den Todesfall anzusprechen. Vermeiden Sie folgende Fehler beim Schreiben eines Kondolenzbriefes:

Nehmen Sie keinen Brief mit einem schwarzen Trauerrand.

Die persönlichen Worte sind mit der Hand zu schreiben, am besten mit schwarzer oder blauer Tinte.

Verwenden Sie keine leeren Phrasen, die nichts mit der verstorbenen Person zu tun haben.

Nehmen Sie einen weißen Briefbogen (kein Geschäftspapier).

Folgende Themen können Sie im Brief ansprechen:

- Wie haben Sie vom Tod gehört?
- Wie hat Sie die Nachricht erreicht?
- Wie erleben Sie den Todesfall?
- Welchen Eindruck hat die verstorbene Person bei Ihnen für immer hinterlassen?

- Was wünschen Sie den Hinterbliebenen?
- Was bieten Sie an?
- Sind Sie überrascht, bestürzt, erschüttert und haben nicht mit dieser Nachricht gerechnet?
- Sie wünschen den Hinterbliebenen Kraft, Mut, Trost.
- Sie werden den Verstorbenen als eine mutige, aufrechte, fröhliche Person in Erinnerung behalten – vielleicht hat auch diese Person Ihre Einstellung zum Leben oder als Kollege und Vorgesetzter geprägt.

Als Abschluss kann formuliert werden: »Ich denke an Sie. In stiller Verbundenheit.«
Dann folgt Ihre Unterschrift.
Diese Kondolenzbriefe werden oft lange nach dem Tod immer wieder als Trost hervorgeholt und gelesen. Deshalb sind die eigenen Worte sensibel zu wählen und leere Phrasen zu vermeiden.

DER HUMOR

»Hast Du Witz, so bediene Dich seiner mit Vorbedacht, denn er ist ein zweischneidiges Schwert.« Humor oder Ironie sollten vorsichtig eingesetzt werden, da sie missverständlich interpretiert werden könnten.
Herzliches Lachen wirkt oft befreiend; nur darf es nicht auf Kosten anderer sein.

GEHEIMNISSE BEWAHREN

»Geheimnisse verwahren Sie lieber im Herzen, nicht auf der Zunge.« Dies bedeutet, dass Dinge, die einem anvertraut wurden, bei sich behalten werden sollten. Oft ist zu erleben, dass sich die Zunge löst, sobald der Einfluss von Alkohol wirkt.

DIE ANREDE, DIE BEGRÜSSUNG UND DAS VORSTELLEN

DIE ANREDE

Im Berufsalltag ist die korrekte Anrede wichtig; jedoch ist sie nicht immer selbstverständlich.
Grundsätzlich wird Ihr Gegenüber mit Namen begrüßt. Ist Ihnen der Name jedoch nicht bekannt, so wird ein Dritter oder der Betreffende selbst die Vorstellung übernehmen. Gern können Sie höflich nachfragen, wenn Sie Zweifel haben. So etwa, wenn Sie

Name	Richtig	Falsch
Dr. Martin Müller	Guten Tag, Herr Dr. Müller	Guten Tag, Herr Doktor Guten Tag, Herr Müller
Professor Dr. Wiedekind	Guten Tag, Herr Professor Wiedekind	Guten Tag, Professor Guten Tag, Herr Wiedekind
Prof. Dr. von Wiedekind	Guten Tag, Herr Prof. von Wiedekind	Guten Tag, Herr Prof. Wiedekind Guten Tag, Herr Wiedekind Guten Tag, Herr Prof. Dr. Wiedekind
Marlene von Buttlar	Guten Tag, Frau von Buttlar	Guten Tag, Frau Buttlar
Max von der Marwitz	Guten Tag, Herr von der Marwitz	Guten Tag, Herr Marwitz Guten Tag, Herr von Marwitz
Max Freiherr von Buttlar	Guten Tag, Baron (von) Buttlar Guten Tag, Freiherr von Buttlar	Guten Tag, Baron Guten Tag, Herr Buttlar
Gräfin Marie von Dönhoff	Guten Tag, Gräfin Dönhoff	Guten Tag, Gräfin Guten Tag, Frau von Dönhoff Guten Tag, Gräfin von Dönhoff

den Namen akustisch nicht verstanden haben oder der Name sehr kompliziert ist. Auch, wenn Ihnen der Name zwar bekannt war, Sie ihn jedoch gerade vergessen haben, können Sie etwa so fragen: Entschuldigung, ich habe leider Ihren Namen vergessen. Würden Sie mir bitte auf die Sprünge helfen?
Wer auf jemanden mit einem Titel im Namen trifft, begrüßt denjenigen sowohl mit dem korrekten Titel als auch mit seinem Nachnamen. Sagen Sie nicht: »Guten Tag, Herr Doktor«, sondern stattdessen lieber: »Guten Tag, Herr Dr. Müller«, »Guten Tag, Herr Professor Maier«.

Besitzt ein Gesprächspartner mehrere Titel, wird nur der höchste Titel genannt (Professor Dr. Müller wird: »Guten Abend, Herr Professor Müller« begrüßt). Prinzipiell wird das »Sie« benutzt – außer, es wird einem das »Du« angeboten! Das »Du« wird normalerweise vom Älteren angeboten, beziehungsweise vom Höhergestellten. Unter Gleichaltrigen kann das von beiden Seiten aus passieren. Unter Jugendlichen wird normalerweise immer das »Du« verwendet.

Wenn Sie z.B. mit jemandem telefonieren, sollten Sie ihn auch korrekt mit Namen und Titel ansprechen. Und sollten Sie den Eindruck haben, dass der andere aus Gründen des Understatements den eigenen Titel weggelassen hat, sollten Sie genau nachfragen (am Besten die Sekretärin). Erst, wenn derjenige mit dem Titel Ihnen anbietet: »Ach, das können Sie auch weglassen«, dürfen Sie dies beherzigen. Doktoren und Professoren untereinander lassen den Titel bei der Begrüßung unter den Tisch fallen.

Auch bei Adelstiteln sollten Erkundigungen eingeholt werden; ich empfehle meinen Seminarteilnehmern immer, möglichst die Sekretärin des Betreffenden anzurufen. Sie kennt ihren Chef und wie Sie ihn ansprechen bzw. anschreiben können, besser als kaum ein Anderer.

Zum Nachschlagen, wie Adelige begrüßt werden, ist das »Genealogische Handbuch des Adels« (GHdA) oder die Adelsdatenbank im Internet: www.adelsdatenbank.de zu empfehlen.

Wenn Personen mit Adelstiteln sich begrüßen, gibt es eigene Begrüßungsregeln, auf die ich hier nicht eingehen möchte. Der Übergang zum »Du« geht in diesen Kreisen sehr schnell.

Prinz Asfa-Wossen Asserate (ein Großneffe des letzten äthiopischen Kaisers Haile Selassie) äußert sich zum Thema Anrede in etwa so: wenn Frau Bundeskanzlerin Dr. Merkel angesprochen wird, ist es oft in respekt- und distanzloser Weise. Sie wird mit Frau Merkel betitelt. Doch sie ist nicht eine von uns – wir haben sie für diesen hohen Posten gewählt, und sie repräsentiert unser Land. Es gebührt der Respekt, sie korrekt anzusprechen.
Floskeln sind beim Begrüßen in Deutschland nicht mehr angebracht. Worte wie: »Angenehm«, »Gnädige Frau« oder »Gestatten« sind heutzutage nicht mehr üblich. Es sollte besser ein persönlicher Bezug hergestellt werden wie beispielsweise: »Haben wir nicht letzte Woche telefoniert?« oder: »Schön, Sie persönlich kennen zu lernen«. Oder: »Ach, das ist das Gesicht zur Telefonstimme – ich freue mich«. Gibt es tatsächlich keine Anknüpfungspunkte, dann sollten Sie sich auf den Tagesgruß beschränken.

DIE BEGRÜSSUNG

IN DER ÖFFENTLICHKEIT

Die Grußpflicht unter Fremden tritt beispielsweise ein: beim Betreten eines Lokals sowie beim Hinsetzen oder Aufstehen, wenn Sie sich zu Menschen gesellen, die schon an einem Tisch sitzen. Das Gleiche gilt im Theater oder Konzert beim Hinsetzen, beim Eintritt in einen Laden oder in einen Bus oder jegliche Straßenbahn.

DER HÄNDEDRUCK BEI DER BEGRÜSSUNG

Ein schöner, vielleicht der schönste Gruß, ist der richtige Händedruck. Durch das Handgeben erhalten wir einen ersten Eindruck des jeweiligen Menschen. Zugleich offenbart er gewissermaßen den Charakter, die Gefühlswärme, das Wohlwollen des Grüßenden. Grüßen Sie nicht zu fest, nicht zu heftig, nicht zu lange. Behandschuhte Herren sollten ihre Handschuhe ausziehen, wenn es zum Händeschütteln kommt. Zieht ein Herr die Handschuhe nicht aus, muss der andere Herr dies ebenfalls nicht tun.
Genau das gleiche gilt auch beim Tragen eines Hutes.
Die Dame, der/die Ältere oder der/die Ranghöchste entscheiden, wann und ob sie die Hand geben.

Der Händedruck im europäischen Raum ist fest – nicht zu fest und vor Allem auch nicht schlabbrig. Eine »Fischflosse«, damit ist ein undefinierbarer, extrem weicher Händedruck gemeint, ist sehr unangenehm. Er wird als Unsicherheit gedeutet. Feuchte Hände sind möglichst zu vermeiden. Dazu können zwischendurch die Hände an der eigenen Kleidung abgerieben werden.
Einem Händedruck auszuweichen, wäre eine grobe Unhöflichkeit. Auch wenn das scheinbare Übersehen der sich nähernden Hand täuschend geschickt ausgeführt wird, bleibt es eine schwere Verletzung der guten Sitte und wird auch von dem Arglosesten unzweifelhaft als solche empfunden.
Vom Freund zum Freunde darf der Händedruck oder auch das Ergreifen oder Drücken beider Hände – als der Ausdruck aufrichtiger Wiedersehensfreude – warm, lebhaft und kräftig sein. Unter flüchtigen Bekannten genügt ein kurzer, charaktervoller Druck und kein langes Schütteln; ein schlaffes oder frostiges, ausdrucksloses Handgeben verbietet sich unter allen Umständen. Solcher Gruß entfremdet mehr noch als herablassendes Kopfneigen.
Treffe ich jemanden, bei dem es mir unangenehm war, ihm oder ihr die Hand zu geben, wasche ich mir hinterher unauffällig die

Hände. Besonders wenn ich weiß, dass derjenige sich nach Toilettengang nicht die Hände gewaschen hat oder sich gar an der Nase pult, etc.

BEIM BEGRÜSSEN IST FOLGENDES ZU BEACHTEN:

Die Hände greifen ineinander – es ist unangenehm, wenn einem nur der vordere Teil der Hand gereicht wird. Seien Sie vorsichtig, wenn Sie mit ihrer männlichen Kraft der Dame die Hand geben – zerdrücken Sie sie nicht zu sehr und passen Sie auf Ringe und Armbänder auf.

Die Arme sollten sich parallel zum Körper bewegen – beim Handreichen sind die Ellbogen nicht nach außen gerichtet. Eine Art »Hügel« mit der Handoberfläche zu bilden, also die Hand von oben nach unten zu halten, gilt als unschön. Es gilt jedoch als Zeichen, einen Handkuss empfangen zu wollen.

Die Art und die Dauer eines Handschlags kann zu unterschiedlichen Interpretationen führen: Ist sie zu schlaff – hat die Person keinen Mumm, ist sie zu kräftig – keine Sensibilität, zu lang – zu aufdringlich, zu weit entfernt – zu distanziert. Dabei entscheidet jeweils der Adressat äußerst subjektiv. Am Positivsten wird bewertet, wenn sich ein Handschlag in einem mittleren Stärkegrad bewegt, ein bis zwei Sekunden dauert, aus ca. einer Armlänge beginnt. Langes Händeschütteln ist zu vermeiden. Einer anderen Person wird die Hand nicht über einen Tisch hinweg gereicht. Vielmehr ist um den Tisch herum zu gehen. Dann wird korrekt begrüßt.

Einer Person die Hand zu geben und dabei freundlich mit der anderen Hand auf die Handfläche zu drücken, kann als unschön empfunden werden. Dies kann zwar als väterliche aber auch als dominierende Art gedacht sein, mit der mich der Andere erniedrigen möchte – ach, Kindchen …

Ein Handschlag muss international nicht überall erfolgen. Im afrikanischen oder arabischen Raum achten Sie bitte auf einen weicheren Händedruck; genauso beispielsweise in China oder in

Japan, denn auch hier ist der Händedruck eine moderne Begrüßungszeremonie gegenüber Ausländern – generell wird dort nicht mit Händedruck begrüßt. Asiaten verbeugen sich nach einem komplizierten, die jeweiligen hierarchischen Zusammenhänge berücksichtigenden Ritual.

In England wird beim ersten Mal mit Händedruck begrüßt – bei weiteren Treffen ist dies nicht mehr üblich. Amerikanische Kollegen reichen sich die Hand, während sich die Frauen aus gebührendem Abstand zulächeln. Strenggläubige Moslems und orthodoxe Juden geben Frauen die Hand nicht, nehmen möglicherweise nicht einmal Visitenkarten von ihnen. Inder verneigen sich über gefalteten Händen.
Bei der Begrüßung ist die Floskel »Hallo« zu vermeiden – weder persönlich noch per E-Mail. Es gibt zwar Orte, wo es üblich ist, »Hallo« zu sagen, beispielsweise in der Kneipe, in Studentenbuden oder im Fitnessstudio. Die neutrale Grußformel ist jedoch auch hier »Guten Tag«, »Guten Morgen«, »Guten Abend«, im Süden Deutschlands auch »Grüß Gott« (Letzteres weniger im Norden Deutschlands oder gegenüber türkischen Personen). Wenn ein Kunde zuerst »Hallo« sagt, dann spricht nichts dagegen, dass Sie ihn nun auch so begrüßen dürfen.
Bei dem Begrüßen und dem Small Talk sollte wahres Interesse am anderen gezeigt werden. Vorgeheucheltes Gerede oder vorgetäuschtes Interesse werden wahrgenommen. Im privaten Umfeld gilt in Deutschland oft ein partnerschaftlicher Umgang. Hier gilt die Regel: »Wer sich zuerst sieht, grüßt zuerst«.
»Mahlzeit« ist als Tagesgruß eher ein Scherz. Es sollte beim Treffen der Kollegen in der Kantine statt dessen lieber genickt werden. Im Süddeutschen hören Sie Begrüßungen wie »Grüß Gott«, im Norden »Moin, Moin«, und in der Schweiz »Salut«. Sollte ein Süddeutscher in Hamburg »Grüß Gott« sagen, wird er hier auf Verwunderung stoßen. Es ist auch hier die neutrale Formel »Guten Tag« angemessen.

DER HANDKUSS

Im Business ist der Handkuss, zumindest in Deutschland, unüblich. In Österreich, Rumänien und Ungarn ist der Handkuss dagegen üblich, gehört zum guten Ton und wird auch auf offener Straße als Zeichen der Wertschätzung der Lady gegenüber ausgeübt. Hier allerdings erhält die Frau oft einen Handkuss mit einem »Schmatzer« als freundliche Geste.

Mit einem Handkuss drückt der Herr seine besondere Verehrung aus. Der Handkuss ist wieder in Mode. Dass der Handkuss in Deutschland nicht auf die Straße, sondern nur in private und »geschlossene« Räume gehört, versteht sich von selbst.

Der formvollendete Handkuss muss vor allem lautlos sein: dabei verbeugt sich der Herr, ergreift mit dem Zeige- und Mittelfinger seiner rechten Hand die Hand der Frau und führt die dargereichte Hand zart an die geschlossenen Lippen. Danach wird die Hand wieder sanft gesenkt. Ein schroffes Zurückfallenlassen der Hand wäre eine Beleidigung. Früher galt es, nur verheirateten Frauen einen Handkuss zu geben – heute gilt: »Eine geküsst, alle geküsst«.

Werden Kunden auf ein Event wie beispielsweise einem Ball geführt, sollten sie mit einem Handkuss rechnen.

Das Zeichen, ob überhaupt ein Handkuss verabreicht wird, sollte von der Frau kommen. Sie hebt ihren Arm und die Hand leicht mit dem Handrücken nach oben. Dieses Zeremoniell beschränkt sich jedoch auf einen gewissen abgesteckten Rahmen wie bei einer Cocktail- oder Gartenparty, einem Ball usw. Auf der Straße ist der Handkuss tabu. Im Geschäftsleben ist er deplatziert.

DIE BEGRÜSSUNG ALS GASTGEBER/KUNDENBETREUER

Als Gastgeber dürfen Sie Ihre Gäste immer zuerst begrüßen, indem Sie ihnen die Hand ausstrecken und sie willkommen heißen. Wenn sich eine Person einer Gruppe nähert und wann sie dann die Hand reicht oder nicht, entscheidet die Rolle der Person. Gehört die Rolle des Neuankömmlings zur Liga der Gastgeber, so streckt

er die Hand aus. Ist er Gast, wartet er auf die Initiative der Anwesenden.
Wenn beispielsweise ein Sekretär einem ankommenden Geschäftsführer eines anderen Unternehmens die Hand reicht, dann betrachtet er sich selbst als Gastgeber. Er streckt dem anderen die Hand entgegen. Als bescheidener Mitarbeiter tut er dies jedoch nicht. Auf neutralem Gebiet (beispielsweise Kino) reicht die ältere Person der jüngeren die Hand.
Generell grüßt immer, egal ob Privat oder im Business, der Rangniedrigere. Der Ranghöhere entscheidet, ob er/sie die Hand gibt.

DIE BEGRÜSSUNG IM PRIVATEN

Im Privaten ist immer die Dame die Hierarchiehöchste. Ein Mann begrüßt in der öffentlichen Gesellschaft zuerst die Frau, beispielsweise mit »Guten Morgen«. Die Dame entscheidet darauf hin, ob sie seinen Gruß erwidert und ihm die Hand reicht.
Wenn sich zwei Frauen unterschiedlichen Alters begrüßen, begrüßt die jüngere Frau die Ältere mit einem Gruß wie »Guten Morgen«. Die ältere Frau entscheidet, ob sie ihr daraufhin die Hand reicht.
Beim Begrüßen sollte nur der eigene Name genannt werden. Sehr viel persönlicher ist es (auch im Ausland gern gesehen), wenn auch der Vorname genannt wird: »Guten Tag, Franziska Heidenreich«. Falsch ist: »Müller, Sabine«. Zuerst ist der Vorname zu nennen. In einer Führungs- oder Vorstandsebene lassen Sie im Allgemeinen den Vornamen weg. Ausnahme: »Unter-sich-sein«, beim Golfspielen etc.
Herren, die sitzen, erheben sich kurz (Ausnahme: beim Essen).
Wenn Sie sich begrüßen, dann ist es
richtig: »Ich bin Achim von Stolzenfest.«
falsch: »Ich bin Dr. Achim Graf von Stolzenfest.«
Die Begründung hierfür: »Noblesse oblige« – Adel verpflichtet. Bescheidenheit bzw. Understatement gilt hier. Aus diesem Grund

ist es üblich, sich nicht mit Adels-/Ehrentiteln und akademischen Graden vorzustellen.
Falsch ist auch die Vorstellung:
»Ich bin Frau Rübenzahl«.
Richtig ist: »Ich bin Katrin Rübenzahl«.
Wenn Sie an einen Ihnen zugedachten Tisch kommen, wo bereits schon Personen sitzen, dann sind diese zu begrüßen (auch, wenn Ihnen die Personen nicht bekannt sind). Es ist auch möglich, sich kurz mit Namen vorzustellen. Dabei ist zuerst der eigene Name zu nennen und dann den Namen des Partners. Wenn Sie bereits am Tisch sitzen und es stoßen weitere Gäste hinzu, dann liegt es an den Neuankömmlingen, sich vorzustellen. Die Dame darf sitzen bleiben. Wer isst, darf sowohl als Herr als auch als Dame sitzen bleiben. In diesem Fall sollte auf das Handgeben verzichtet werden. Sprechen Sie eine Person nie von hinten an. Zuerst ist der Blickkontakt zu suchen, bevor Sie auf den anderen zugehen und sich vorstellen.
Kleine Fehler sind bei der Begrüßung doch langen Grübeleien vorzuziehen. Im Zweifelsfall sollte immer die Dame zuerst begrüßt werden!

DAS AUFSTEHEN BEI DER BEGRÜSSUNG

Im Privaten darf eine Frau beim Begrüßen sitzen bleiben. Es gebührt jedoch der Respekt, dass auch die Frau aufsteht, wenn eine sehr alte Frau oder Herr sie begrüßt. Im Geschäftsleben muss in Deutschland auch die Frau aufstehen, da hier Frauen und Männer gleichrangig sind. Wenn beispielsweise ein Chef seine Sekretärin per Handschlag begrüßt, muss sie aufstehen.

DIE BEGRÜSSUNG IM GESCHÄFTLICHEN

In Deutschland sind Frauen und Männer im Business gleichrangig. Daher findet hier die Begrüßung nach Hierarchie statt.

Hier wird eine höher gestellte Person von einem Hierarchie Niedrigerem, ein Kunde vom Kundenbetreuer und ein Mitarbeiter vom Auszubildenden, gegrüßt. So grüßt zum Beispiel der Assistent am Morgen den Vorgesetzten.
Der Dienstjüngere grüßt den Dienstälteren, der Rangniedrigere den Ranghöheren, der Auszubildende den Chef, der Einzelne die Gruppe. Wer einen Raum, ein Geschäft oder einen Betrieb betritt, grüßt immer zuerst, unabhängig davon, ob der Unternehmensinhaber selbst, die Generaldirektorin oder der Auszubildende den Betrieb betritt. Auch der Pförtner und der Putzservice möchten gegrüßt werden.

DAS VORSTELLEN

WER WIRD WEM VORGESTELLT?

Je zielorientierter beim Vorstellen Personen identifiziert werden, desto leichter kommen Menschen miteinander ins Gespräch. Zu nennen sind die Vor- und Nachnamen und auch die Besonderheiten der Personen. Das kann der Herkunftsort, die berufliche Tätigkeit oder der Verwandtschaftsgrad sein. »Darf ich vorstellen, dies ist Frau Müller, die ich kürzlich bei einer Gartenschau kennenlernte. Und dies ist...«
Neue Freunde freuen sich über direkte Anknüpfungspunkte. »Frau Müller hat bei der Gartenschau in Essen mitgewirkt. Sie doch auch?« oder »Herr Maier hat seine Promotion in Tübingen absolviert – Sie doch auch?« Selten verläuft jedoch das Bekannt machen nach Plan. Idealerweise sollten Sie sich nicht selbst vorstellen, sondern es findet sich ein Dritter, der das Bekanntmachen übernimmt. In der Praxis ist dies jedoch selten der Fall.

VORGESTELLT WERDEN IM PRIVATEN

Im Privaten wird der Herr der Dame und der Jüngere dem Älteren vorgestellt.

1. nach Geschlecht
2. nach (scheinbarem) Alter
3. nach Stand

VORGESTELLT WERDEN IM BUSINESS

Hier wird der Rangniedrigere dem Ranghöheren, der Mitarbeiter dem Kunden, der eigene Mitarbeiter dem fremden Mitarbeiter und ein Kollege dem Chef vorgestellt.

Fallbeispiel:
Ein Kunde, Herr Götz, der den Mitarbeiter eines Unternehmens schon kennt, kommt als Gast und möchte das Unternehmen und den Vorgesetzten (Herrn Dr. Süßkind) kennen lernen.

Der Mitarbeiter, der ja als Gastgeber fungiert, geht auf den Kunden zu, begrüßt ihn und gibt ihm die Hand (der Gastgeber reicht zuerst die Hand. Auch begrüßen sich zuerst diejenigen, die sich schon kennen).

Kurzer Small Talk, wie denn die Reise war, ob er den Weg gut gefunden hat... (sie sollten sich nicht zu lange unterhalten, da der Vorgesetzte in diesem Fall schon dabeisteht).

Nun möchte der Mitarbeiter den Kunden seinem Vorgesetzten vorstellen. Dabei ist es wichtig, dass der Kunde zuerst den Namen des Chefs hört, um zu wissen, wem er vorgestellt wird (er ist »König«, der Ranghöhere) und sagt beispielsweise: »Darf ich vorstellen, mein Vorgesetzter, Herr Dr. Süßkind, Herr Götz, unser Kunde, der sich für unsere Produkte interessiert« (oder beim Tennis, bei einem Empfang – wie auch immer). Wichtig ist es hierbei, eine »Brücke« zu bauen, Sätze zu sagen, so dass beide ins Gespräch kommen können (Herr Götz spielt Golf oder war auch gerade im Urlaub auf Ihrer Lieblingsinsel, etc. – Sätze, die verbinden). Herr Götz, der Kunde, fühlt sich sofort willkommen, ist nach seiner Anreise gefragt worden, so dass er sich ernst genommen und angekommen fühlt, erhält vielleicht auch gleich einen Kaffee oder Getränk und weiß gleich, wem er vorgestellt wird und wie die Rangstellung ist.

Der Vorgesetzte übernimmt nun das Gespräch und führt den Kunden beispielsweise in sein Büro (natürlich entsprechend der Situation), bietet ihm Kaffee an .... Der Kunde soll sich als Gast fühlen und umsorgt werden. Der Vertrauensaufbau ist enorm wichtig!

Wenn mehrere Personen begrüßt werden, kann das eigene »Sortierungsmuster« auf die Wertigkeit geschlossen werden. Deshalb sind korrekterweise beispielsweise Gäste vor Kollegen zu begrüßen, eine bekannte Person vor denjenigen, denen man noch vorgestellt werden muss, einen Vorgesetzten vor seinen Mitarbeitern, eine ältere Person vor wesentlich Jüngeren. Wenn all diese Kriterien nicht greifen, eine Frau vor einem Herrn. Bei einer Gruppe ist am besten der Reihe nach vorzugehen.

DIE VERABSCHIEDUNG

Abschiedsformeln wie »Tschüssie« sind zu vermeiden. Die neutralste und damit sicherste Variante bleibt »Auf Wiedersehen«.

DIE TABUS

Reichen Sie niemals jemandem auf der Toilette die Hand! Ein Kopfnicken oder ein freundliches »Guten Tag« reicht völlig aus.
Folgende Distanzzonen, die jedoch in Ländern wie in Indien oder in arabischen Ländern nicht gelten, sind zu respektieren:
0 bis 5 cm Abstand werden als »Intimzone« bezeichnet (gute Freunde, Begrüßungskuss).
50 bis 51 cm ist die persönliche Distanzzone (etwa 1 Armlänge), die im sozialen deutschen Raum gilt (Bekannte, Party).
Ab 51 cm gibt es die gesellschaftliche Distanzzone (Geschäftspartner, Vorgesetzter).
Ab 4 m gilt die öffentliche Distanz (Versammlungen, Ansprachen).
Die gesellschaftliche Distanz wird jedoch auch unterschiedlich wahrgenommen. Wenn sehr große Männer eine kleine Frau begrüßen, bemerken sie oft nicht, dass der »normale« Abstand von einer Armlänge für diese Frauen zu nah ist. Die Frauen fühlen sich dadurch unsicherer und in die »Enge gedrängt« oder erdrückt. Lange Männer wirken schon durch ihre Größe sehr selbstbewusst, manchmal sogar arrogant (dies jedoch nur aus der Sicht eines kleineren unsicheren Menschen!). Allgemein ist darauf zu achten, welche Körperhaltung der Mensch einem gegenüber einnimmt, wie er oder sie reagiert, ob er näher auf Sie zukommt oder einen Schritt zurück geht.

DIE VISITENKARTENÜBERGABE

Es gibt zwar in Europa nicht ganz so strikte Regeln oder Stolperfallen wie beispielsweise in Japan, doch auch hier sollten einige wichtige Dinge beachtet werden. Zum Teil haben sich sogar Regeln aus dem asiatischen Bereich bei uns eingebürgert, die unbedingt zu beachten sind. Sie gehören zum guten Ton des internationalen Auftritts.

- Eine Visitenkarte sollte wie ein stilvolles Geschenk überreicht als auch angenommen werden. Sie ist deshalb nicht sofort in die Tasche zu stecken, sondern wertschätzend anzuschauen.
- Eine Visitenkarte des Gegenübers sollte genauso respektvoll behandelt werden wie die Person selbst.
- Der Zustand der Karte sollte in sehr gutem Zustand sein. Verknickte, verschmierte und handschriftlich korrigierte Karten zu überreichen ist unprofessionell. Der Kartenempfänger sollte immer das Gefühl haben, dass er ein Geschenk erhält. Die Visitenkarte ist das Aushängeschild des Trägers, und daher ist auf ein tadelloses Erscheinungsbild zu achten.
- Die Visitenkarte sagt sehr viel über den Träger, über den Stil des Unternehmens, über die Position der Arbeitsstelle des Trägers, über den Geschmack des Unternehmens aus.
- Im internationalen Kontakt ist die fremdsprachige Seite nach oben zu drehen und die Schrift so auszurichten, so dass der Empfänger gleich lesen kann, was darauf steht. Bei asiatischen Gästen wird auf direkten Blickkontakt verzichtet.
- Bei Anlässen, wie beispielsweise auf Bällen, können private Visitenkarten überreicht werden. Diese sind auf schönem edlem Papier mit stilvoller, beispielsweise englischer Schrift, bedruckt und enthalten nur den Namen. Auf Bescheidenheit wird hier hoher Wert gelegt. Falls Sie der anderen Person weitere Details, wie beispielsweise Ihre Telefonnummer, mitteilen wollen, dann wirkt der Vermerk auf der Visitenkarte mit einem Füller am stilvollsten. Dieses darf dann vor den Augen des Gegenübers auf die Karte geschrieben werden.
- Beim Austausch der Visitenkarte im internationalen Kontakt, beispielsweise mit asiatischen Gästen, verzichten Sie unbedingt darauf, den Kommentar vor den Augen des anderen zu schreiben. Sollte das Gegenüber nicht mehr im Blickfeld sein, empfiehlt es sich, wichtige Informationen auf der Visitenkarte zu notieren, um sich später in einer Datenbank No-

tizen zu dieser Person zu machen (achten Sie hierbei jedoch auf gesetzliche Regeln – diese Notizen sollten nur für Ihre eigenen Augen und nicht für die der Mitarbeiter bestimmt sein). Sollten Sie notiert haben, dass Ihr Gesprächspartner bald in den Urlaub fährt, dann können Sie ihn später darauf ansprechen. Was glauben Sie, was dieser sich freut. »Meine Güte, hat er sich das tatsächlich gemerkt!«. Nun fühlt er sich sehr ernst genommen und wertgeschätzt.

- Beim Annehmen einer Visitenkarte sollten Sie sich bedanken und einen kurzen Blick darauf werfen. In asiatischen Ländern wird ein längerer Blick auf die Karte geworfen, um sich ganz genau die Position als auch den Namen einzuprägen. Hierauf erfolgt dann dementsprechend eine kleinere oder größere Verbeugung.
- Die Visitenkarte ist zudem eine große Hilfe, um sich den Namen zu merken als auch sein Gegenüber korrekt anzusprechen.
- Bei internationalen Meetings hat es sich nach asiatischer Art eingebürgert, dass die eingesammelten Visitenkarten vor sich auf den Tisch gelegt werden, um sich die Namen der entsprechend sitzenden Personen zu merken. Die Karte sollte hinterher nicht liegengelassen werden – dies wäre unhöflich.
- Visitenkarten sollten idealerweise in einem Visitenkartenetui aufbewahrt werden. Das Herausholen oder das Verwahren in einer Hosentasche ist ein absolutes Tabu. Die Herren stecken sich die Visitenkarte gern in die Jackett-Innentasche.
- Es gibt grundsätzlich keine Regeln, wann eine Visitenkarte überreicht wird. Es kommt immer auf die Situation, das Gegenüber als auch auf die Sitte eines Landes oder des Unternehmens an.
- In Deutschland wird die Visitenkarte meistens sofort überreicht – in höheren Positionen wird hierauf eher verzichtet – auch hat beispielsweise ein Mitglied des Vorstandes nicht Zeit, mit jedem zu sprechen, geschweige denn die Visiten-

karte auszuteilen. Auch sollte vom Ranghöheren nicht erwartet werden, dass er seine Visitenkarte zuerst aushändigt. Sollte die Rangfolge nicht eindeutig sein, beginnen Sie beim Verteilen der Karte an einer Seite und verteilen Ihre Karten der Reihe nach. Wichtig ist, dass in einer Gruppe jedem eine Karte überreicht wird, damit sich niemand vernachlässigt fühlt.

- In Frankreich wird die Visitenkarte eher am Schluss eines Gesprächs überreicht – manchmal auch gar nicht, denn nicht jeder möchte jedem eine Karte von sich überreichen.
- In England wird auf die Visitenkarte eher verzichtet.
- Es ist ratsam, sich so wie der Gastgeber oder der Kunde zu verhalten.
- Am wichtigsten ist es in Europa, in ein persönliches Gespräch zu kommen und einen guten ersten als auch letzten Eindruck zu hinterlassen. Wenn der Gegenüber an Ihnen Interesse findet, wird er Sie sicher nach der Karte fragen.
- Zu Delegationen aus dem asiatischen Raum sind genügend Visitenkarten mitzunehmen, um jedem eine Karte überreichen zu können (und dies, wenn möglich, je nach Hierarchiestellung). Bei asiatischen Gesprächspartnern ist immer mit großen Delegationen zu rechnen.

Die Form der Übergabe:
In Japan beispielsweise wird die Visitenkarte mit jeweils zwei Fingern (Daumen und Zeigefinger) an zwei Ecken der Karte überreicht, gefolgt von einer kurzen Verbeugung. Hier ist der Augenkontakt strikt zu vermeiden. In diesem Fall sollte eher auf den Krawattenknoten des Gegenübers geschaut werden.
Ein direktes Wegstecken der Karte ist unhöflich. Dies kann interpretiert werden als: »Du interessierst mich nicht, Du bist unbedeutend«.

DRESS FOR SUCCESS

Haare, Kleidung und Schmuck

»Nichts ist so gefährlich wie das Allzumodernsein.
Man gerät in Gefahr, plötzlich aus der Mode zu kommen.«
Oscar Wild

ALLGEMEINES ÜBER KLEIDUNG

Klassisch-elegante Kleidung für den privaten und beruflichen Alltag zu definieren, ist nicht einfach. Feste Regeln, was wann und wo getragen werden sollte, existierten lange nicht. In den vergangenen Jahren wurde das Reglement liberaler gehandhabt oder ist sogar abgeschafft worden. Das führte dazu, dass etliche Möglichkeiten von tragbaren Stilen und Trends eröffnet wurden. Andererseits jedoch wuchs die Unsicherheit, was bei besonders wichtigen Anlässen getragen werden sollte, welches Outfit der jeweiligen Situation angemessen sei.

»Weniger« ist mehr. Gemeint ist nicht »weniger« Kleidung, sondern die Zurückhaltung bei »aufgesetzter« Kleidung oder zu viel Accessoires, die dem Ausdruck Ihrer eigenen Persönlichkeit zu wenig Raum lassen.

Ältere als auch jüngere Seminarteilnehmer, Männer, erwähnen dies immer wieder: »unprofessionell ist es, wenn die Kollegin ihr Dekolleté zeigt, die Schultern unbedeckt hat, das Oberteil durchsichtig oder der Rock zu kurz ist.«

Und das entblößte Dekolleté oder Schultern ohne Bedeckung sollten immer jüngeren Frauen vorbehalten bleiben.

Bei einen Training in der Universität von Sankt Gallen sprach ich mit den Studenten über das Thema »Dresscode«, und was das freizügige Anziehen der Kolleginnen für einen Eindruck bei ihnen macht. Daraufhin erzählten mir ein paar männliche Studenten, sie hätten ein Training erhalten, in dem der Trainer darauf hinwies, dass die Studentinnen später im Berufsleben mehr Aufstiegschancen hätten, wenn sie sich lockerer anziehen würden und gar mit

dem Chef eine Liaison eingehen würden. Diese Studenten verstanden die Welt nicht mehr, dass ein Profi solche Empfehlungen aussprechen dürfe.
Ich rate Ihnen zu einem sparsamen Umgang mit weiblichen Reizen. Dasselbe gilt für Make-up und zu vielem und billigem Parfum. Wer Kontakt mit Geschäftspartnern bzw. Kunden hat, sollte diese Regeln beachten: Jackett, langärmlige Blusen, Seidenstrümpfe und geschlossene Schuhe sind Pflicht – egal, wie heiß es ist. Knitter-Look geht gar nicht. Sie wirken dadurch unprofessionell. Laut Studien, sinkt übrigens auch die Autorität der Frauen, je mehr Haut sie zeigen.

DAS TAGES- UND BUSINESS-STÜCK

Ein gutes Tages- und Business-Stück ist so klassisch und schnörkellos wie möglich gehalten. Die Farben sind klar und neutral. Die Kleidung ist saison- und trendunabhängig als auch beliebig untereinander kombinierbar. Sie ist aus qualitativ hochwertigem Material, die Verarbeitung ist ohne Mängel. Indem in ein paar schlichte, zeitlose Grundelemente investiert wird – Hosenanzug, Kostüm, Blazer, Blusen oder Hemden – ist der Grundstock einer Garderobe gelegt, die jederzeit durch preisgünstige modische Teile variiert werden kann.
Generell gilt, dass die Seriosität und die Kompetenz nicht am Erscheinungsbild abgelesen werden kann – jedoch erliegen wir immer wieder der Versuchung, dies so zu deuten. Erfolg kommt oft durch den richtigen, dem Anlass angemessenen, Dress-Code. Kunden identifizieren das Äußere der Mitarbeiter mit dem Unternehmen. Natürlich hängt der Dress-Code mit dem Anlass als auch mit der Branche zusammen.
Natürlich haben in erster Linie Haar- und Gesichtsfarbe sowie die Figur Einfluss auf die Farbenwahl. Welche Farben optimal zum jeweiligen Frauentyp passen, darüber gibt eine professionelle Farbberatung sehr guten Aufschluss.
Wie viel Farbe verträgt ein Business-Teil? Eigentlich gar keine. Es

geht nicht um Farbeindrücke, sondern um das, was die Frau vermittelt. Ihre Augen, ihr Gesicht, ihre Mimik sind wichtig – wenn sie zu farbenfroh angezogen ist, lenkt ihr Äußeres zu sehr vom Gespräch ab. Nicht jedem Kunden gefallen zu intensive Farben.

Findet beispielsweise ein Betriebsfest statt, sollte bekannt sein, ob es in einer rustikalen Halle mit Bier vom Fass stattfindet oder nicht. In diesem Fall ist die Lady in einem dunkelblauen Geschäftsanzug nicht passend angezogen. Ist es eher eine Gartenparty im Garten des Chefs, dann erscheint sie eher in einer sportlich-eleganten Kombination. Wenn der Chef ins Nobelrestaurant einlädt, sollte eher ein Kleid angezogen werden. In diesem Fall ist für den Herrn ein dunkler Anzug das Minimum.

Um zu wissen, was ein gutes Tages- und Businessstück ausmacht, sollte sich die Frau von Stil- und Imageexpertinnen Tipps einholen.

BUSINESS-TIPPS

* Es ist darauf zu achten, dass die Kleidung sauber und gepflegt ist.
* Zu kurze Röcke, zu tiefe Ausschnitten und enge Passformen sind zu vermeiden.
* Dem eigenen seriösen Business-Stil sollte auch bei wechselnden Moden treu geblieben werden. Make-up ist dezent aufzutragen.Im Businessbereich sind nackte Schultern und nackte Beine zu vermeiden. Die Teile der Businessgarderobe sollten kombinierbar sein. Die Wahl einfarbiger Teile hat den Vorteil, dass sie dezent wirken und passende Accessoires dazu gefunden werden können.
* Stofftyp und –gewicht sollten zur Jahreszeit passen.

DRESSCODES

Diese Dresscodes stehen als Vermerk auf den Einladungen. In einzelnen unklaren Fällen können Sie auch gern vorher die Gastgeberin fragen. Das passende Outfit kommt immer auf den Anlass und die Gesellschaft an.

Dresscode der Herren	Dresscode der Damen
Frack Black Tie (= Smoking) Uniform (mit Orden)	Ballrobe bzw. »großes« Abendkleid
Cut Dinner-Jacket Stresemann	Damen kurzer oder langer Rock oder ein langes Kleid
Tracht	Dirndl oder ländliches Kleid (abends eventuell lang)
Festlich (mit Tanz)	Kurz bis dreiviertel (je nach Kreis dreiviertel bis lang)
Blazer, dunkler Anzug	Kurz bis dreiviertel
Dunkler Anzug	Kurz bis dreiviertel
Ländlich-festlich, Sommerlich-festlich Dunkler Anzug, ländlich-festlich	Kurz bis dreiviertel (es kommt darauf an, wer einlädt; zu einem runden Geburtstag kann das auch »kurz« bis »lang« bedeuten.

DER DRESSCODE-VERMERK »ABENDGARDEROBE«

Bei den Damen bedeutet dies ein Kostüm in gedeckter Farbe mit Bluse. »Gedeckt« bedeutet in diesem Zusammenhang eher dunkle Farbtöne wie Dunkelblau, Dunkelgrau oder Braun. Alternativ ist ein Kleid mit passender Jacke auch möglich. Die Rocklänge ist Knie umspielend, auf keinen Fall zu kurz. Hemd oder Bluse sind klassisch unifarben. Nackte Beine sind tabu!

Bei der Wahl des Kleides ist auf hochwertige Stoffe zu achten und billiger Schmuck zu vermeiden. Mit Schals und Stolen kann sich die Frau leicht über Problemzonen hinweg schummeln. Während des Essens sollte sie nicht schulterfrei sein, sondern immer ein Jäckchen oder einen Schal umgelegt haben. Beim Tanzen darf die Frau schulterfrei auftreten.

Kleine Handtaschen sind bei Abendgarderobe üblich. Diese werden auf den Tisch gelegt oder an den Stuhl gehängt.

Der warmen Jahreszeit sind helle Farben und lustige Stoffe vorbehalten, der kalten schwere, dicke, warme Stoffe und dunklere Farben. Alles Winterliche ist schwerer, kompakter und von festerer Beschaffenheit.

DIE ACCESSOIRES

Nur bei privaten Empfängen oder Bällen sollte Schmuck getragen werden; außerhalb des Hauses und auf der Straße sollten Sie nur den Schmuck tragen, der zur Vollendung des Anzuges unbedingt erforderlich ist. Es gilt die Regel, dass eine Lady am Tage höchstens sieben Schmuckstücke tragen sollte (zwei Ohrringe, drei Fingerringe, ein Armband, eine Uhr). Werden auch die Goldknöpfe hinzugezählt, ist dies im Businessbereich zu viel Schmuck und lenkt von der eigenen Person und dem seriösen Gespräch ab.

Blackberry, Portemonnaie, Lippenstift oder Kreditkarte – was sie in ihrer Handtasche tragen, gehört seit je zu ihren wohlgehüteten Geheimnissen. Welche Gegenstände unverzichtbar sind, ist eine Frage des persönlichen Geschmacks und abhängig von der jeweiligen Epoche. So haben in der Frühzeit die ersten Sammlerinnen in ihren einfachen Beuteln Beeren und kleine Tiere in die heimischen Höhlen transportiert. Im Mittelalter wurde eine Almosentasche genutzt, aus der bei Bedarf ein paar Münzen für die Kollekte entnommen wurde. Im 16. Jahrhundert wurde bürgerlicher Reichtum mit einer am Gürtel befestigten Ledertasche gezeigt, an der verschiedene Dinge wie Gebetbuch oder Essbesteck hingen. Ende des 18. Jahrhunderts nutzten die Damen schöne Stoffbeutel für ihre Stick- und Häkelarbeit. Bis ins 18. Jahrhundert verbargen Frauen ihre Tasche unter Rokoko-Kleidern. 1795 kam das beutelartige Ridikül auf, das so klein war, dass gerade ein Taschentuch darin Platz fand. Mit der Erfindung der Lokomotive im 19. Jahrhundert werden sperrige Reisetruhen durch tragbare Ledertaschen ersetzt. In den 1930er Jahren entstand der Urtyp der Allzwecktasche, die Speedy von Louis Vuitton.

Frauen tragen in ihrer Handtasche ca. 35 Objekte, Männer nur etwa vier. 76 Tage ihres Lebens verbringen Frauen im Schnitt damit, in ihrer Handtasche zu wühlen. Nach einer britischen Studie unter 1700 Frauen befinden sich in der Durchschnittstasche von Frauen Gegenstände im Wert von über 800 Euro. Die Durchschnittstasche wiegt zwischen 1,5 bis 3 Kilo. Zwei bis sechs Taschen besitzt die Durchschnittsfrau[5].

Die Münchener Unternehmerin Gisela Rehm fand eine Lösung für die intelligente, selbstbewusste und urbane Frau, die sich ihren Stil nicht vorschreiben lassen möchte, sondern die nötige Aus-

---

5 *Steffi Morcinek: Was die Lieblingstasche über eine Frau verrät. In: BILD-Bundesausgabe (11.5.2011), S. 4.*

strahlung mitbringt, um die sie umgebenden Produkte zu einem Teil ihrer selbst werden zu lassen. Schön ist für Gisela Rehm das, was Stil hat und ihren ästhetischen wie funktionellen Ansprüchen entspricht. Denn Mode geht, Stil bleibt. Nachhaltig sind diese Taschen nicht nur, weil sie wertig und nicht in Billig-, Massen- oder High-Tech-Produktion im Ausland hergestellt sind, sondern weil sie auch symbolisch dafür stehen, schonend mit den Dingen umzugehen. Gisela Rehm sucht keine kurzfristigen Erfolge. Wichtiger sind ihr Qualität, Glaubwürdigkeit und Charakter. Diese gemeinsamen Werte schaffen eine starke Verbindung nach innen und außen.

Lifestyle und Haltung sind heute untrennbar miteinander verbunden. Mit ihrer klaren Auszeichnung und der Sichtbarmachung der gesamten Wertschöpfungskette erfüllt die Taschenkollektion DONNA ROSA den Wunsch der Konsumentinnen nach mehr Transparenz. Wer auf Qualität setzt, misstraut Kommunikations- und Marketingaktionen, die nicht aus gewachsenen, »nachhaltigen« Voraussetzungen entstehen. Dazu gehört, dass diejenigen, die wie Gisela Rehm für Qualität bürgen, ihrer Berufung folgen und nicht nur einen Job machen. Unternehmerinnen wie sie, die näher am Markt sind, sollten in der Öffentlichkeit als handelnde Persönlichkeiten wahrgenommen werden, als solche, die etwas bewegen oder – im wahrsten Sinne des Wortes – unternehmen.
Die Frage, wo denn der Platz für die Handtasche im Restaurant sei, wird häufig gestellt. Hier gilt die Regel, dass abends eine kleine Handtasche getragen wird, die über die Stuhllehne gehängt werden darf. Sollte dies nicht möglich sein, darf eine kleine Abendtasche auf den Tisch gelegt werden. Eine Handtasche darf nicht auf den Boden gestellt werden.

»Stil oder Lebensstil ist ein Zusammenspiel vieler Dinge, die das Leben mit sich bringt. Es beginnt schon mit der Familie, in die jeder hineingeboren wird. Mit der Erziehung und den vielen Erfah-

rungen, die einem das Leben im Laufe der Zeit schenkt. Wer meint, Stil ließe sich erlernen, indem nur »nach der Mode gegangen wird« und ob die »richtigen« Bücher gelesen werden, dem sei gesagt, dass Stil eine grundsätzliche Lebenseinstellung ist, die sich nicht nur auf Oberflächlichkeiten beschränkt. Wer seine eigene Persönlichkeit zum Ausdruck bringt – ganz gleich wie – drückt damit seinen Stil aus.«[6]

Desirée Treichl-Stürgkh

DAS ESSEN UND DAS TRINKEN

»Das reichste Mahl ist freudenleer,
wenn nicht des Wirtes Zuspruch und Geschäftigkeit
den Gästen zeigt, dass sie willkommen sind.«
William Shakespeare

Die Art des Essens verrät den Grad der Wissens- und der Herzensbildung eines Menschen. Es genügt nicht, über den Umgang mit Messer und Gabel, Brot und Wein Bescheid zu wissen – bei Tisch zeigt sich die wahre soziale Einstellung. Hat er gelernt, gemeinsam bei Tisch zu sitzen, kennt er die Regeln, wann er sich setzen und wann anfangen darf? Kennt er sich mit der Tischordnung (die Tischdame sitzt in Deutschland auf der rechten Seite) aus und weiß er mit Contenance beim Nehmen der Speisen umzugehen? Zeigt seine Körpersprache: »Ich komme zuerst« oder hat er zu teilen und nach seinem Nachbarn zu schauen gelernt? Kann er erzählen als auch zuhören? Auch die Bescheidenheit im Zugreifen und die Sicherheit in der Wahl kennzeichnen den stilvollen Gast.

DAS EINTREFFEN ZUM ESSEN

»Pünktlichkeit ist die Höflichkeit der Könige«, sagt ein altes Sprichwort. Muten Sie den versammelten Gästen nicht zu, dass

6 *Desirée Treichl-Stürgkh: LebensStil. Wie Sie mit Charme und Eleganz besser durchs Leben kommen. Wien 2009, S. 6 f.*

sie mit dem Essen nur Ihretwegen warten müssen. Auch ist dies gegenüber der Hausfrau, die das Essen gekocht hat und es kalt wird, nicht fair. Wenn in Deutschland auf der Einladung zum Essen »20.00 Uhr« steht, dann sollten die Gäste Punkt 20.00 Uhr vor dem Haus stehen, nicht früher und nicht später, denn die Hausfrau hat noch bis kurz vor Start viele Verpflichtungen (Haare kämmen, Vasen vorbereiten, Service einweisen,…). Beim Ankommen entfernen Sie vor den Augen der Gastgeberin das Papier des Blumenstraußes und überreichen diesen. Die Gastgeberin nimmt Ihnen sicher das Papier dezent ab. Sollte etwa eine durchsichtige Folie zur Verzierung des Blumenstraußes dazugehören, so darf das Papier selbstverständlich dran gelassen werden.

DER BEGINN DES ESSENS

Zu Anfang eines Essens bleiben Sie – je nach Sitte der Gastgeber – entweder hinter dem Stuhl stehen, bis gebetet wird oder sich die Gastgeberin setzt. Mit dem Essen beginnen sie erst, sobald die Gastgeberin das Besteck zur Hand nimmt.
Vermeiden Sie die Floskel »Guten Appetit«. Einige Restaurantmitarbeiter meinen, dass die Gäste erst mit dem Essen anfangen dürfen, sobald der Service »Guten Appetit« sagt. Dies ist nicht korrekt. Auch lassen Sie das »Gesegnete Mahlzeit« weg. Die Gastgeberin nimmt das Besteck und startet ohne Worte. Nun dürfen Sie auch mit dem Essen beginnen. Wenn Sie eine Familie besuchen, in der diese Floskeln angewandt werden, sollten Sie dies respektieren und sich mehr oder weniger anpassen.
Denken Sie an die Serviette. Legen Sie sich diese sofort auf den Schoss, sobald Sie z.B. Baguette serviert bekommen.
Die Speisen werden, falls nachgereicht, vom Service von der linken Seite serviert. Dies ermöglicht den Gästen ein Zugreifen mit der freien rechten Hand. Kritisches Auswählen oder Zwischen-der-Reihe-Herausnehmen der servierten Fleischstücke ist unpassend; ebenso darf nicht unbescheiden zugegriffen werden.
Der Tischherr kümmert sich um seine rechts neben ihm sitzen-

de Tischdame und sorgt für eine angenehme Atmosphäre und die Füllung der Gläser. Er schenkt dabei erst sich ein wenig ein, um den Inhalt der Weinflasche und den Geschmack zu prüfen. Danach erst wird das Glas der Tischdame gefüllt – natürlich nicht randvoll. Das Einschenken geschieht eigentlich von der rechten Seite aus. Um jedoch eine zu große Unruhe durch das Aufstehen des Herrn bei Tisch zu vermeiden, sollte jede Frau die Größe haben, dem Herrn das Glas nach links zu reichen.

Von kostbaren Gerichten oder Beilagen nimmt die Lady sich nicht zu viel auf den Teller.

Zahnstocher haben nichts auf dem Tisch verloren. Wenn Sie Speisereste im Mundbereich haben, dann entfernen Sie sie bitte nicht hinter vorgehaltener Hand; hierzu gehen Sie bitte in den Waschraum.

Reden Sie nicht mit vollem Mund und beißen Sie keine zu großen Bissen ab.

Es gibt Menschen, die zunächst fast ohne Gespräch ihr Essen aufessen und sich dann erst unterhalten. Dies zeigt, dass ihnen das Essen wichtiger ist als die herumsitzenden Menschen oder Gäste.

Jeder kennt Situationen, in denen Schweigen herrscht. So beispielsweise im Lift. In unseren Kulturen nimmt dies dem Gegenüber das Gesicht und bewirkt eine peinliche Atmosphäre. Das Gespräch zu suchen und dabei zu essen, zeigt den stilvollen Experten.

Anders ist es beispielsweise bei Schweigeexerzitien. Durch das Schweigen, besonders bei Tisch, werden Ihnen besonders die Geschmacks-, Hör- und Sehnerven bewusst. Auch in asiatischen Kulturen gehören Momente des Schweigens unbedingt dazu.

DIE BEDIENUNG

Behandeln Sie das Servicepersonal immer als kompetenten Berater und nicht als Lakaien. Übernehmen Sie Dienstleistungen, die Aufgaben des Service sind, nicht selbst.

Solange die Bedienung ihr Gespräch nicht unterbricht, können Sie sich auch gern durch ein Nicken oder ein »Dankeschön« sagen, bedanken.

Zuerst werden dem Ehrengast oder der ranghöchsten Dame die Speisen gereicht, danach wird im Uhrzeigersinn weiter serviert.
Stille Mineralwasser werden immer in Zimmertemperatur angeboten. Dem Gast wird als erstes eingeschenkt.
Leider erlebe ich öfter, dass die Bedienung nicht weiß, dass sie das Glas nicht am oberen Rand anfassen sollte.
Der Gast sollte darauf achten, dass die Handtasche abends kleiner ausfällt als tagsüber. Eine große, an der Stuhllehne baumelnde Handtasche, kann den Service sehr behindern. Dasselbe gilt für nicht heran geschobene Stühle.
Der Service wiederum sollte auf Folgendes achten: sämtliche Speisen zum Nachnehmen werden von links serviert. Um sich besser nehmen zu können, muss das Vorlegebesteck dem Gast zugewandt sein. Beim Herunternehmen der Speisen von der Servierplatte, darf diese niemals mit den Fingern berührt werden. Fertig angerichtete Portionen, wie Vorspeisen und Suppen, werden von rechts serviert. Auch Getränke werden von rechts eingeschenkt, wobei das Glas auf dem Tisch stehen bleiben muss. Beim Hauptgericht werden in der Reihenfolge zuerst Fleisch und Saucen, danach Gemüse, Beilagen und Salate gereicht. Hier darf zweimal zugegriffen werden. Vorspeisen und Suppen dagegen werden nur einmal serviert.
Das Dessert wird erst angeboten, wenn alle am Tisch sitzenden Personen mit dem Essen fertig und alle Teller, Bestecke, einschließlich Salz und Pfefferstreuer abgeräumt sind. Das Abräumen wird von der rechten Seite vorgenommen.
Im Falle, dass im Restaurant genügend Personal eingeplant ist, sollte eine herunter gefallene Serviette vom Service sofort aufgehoben und dem Gast eine neue Serviette gereicht werden. Der Gast muss sich nicht selbst bücken. Auch sollte der Service, falls der Gast ein Essen bemängelt, dieses nicht persönlich nehmen. Stattdessen sollte er auf diese Kritik eingehen und die Kritik des Gastes ernst nehmen. Folgendes kann er beispielsweise sagen: »Das tut mir sehr leid. Ich werde unverzüglich der Küche Bescheid geben.« Bei Kritik wegen eines verkorkten Weines könnte er antworten: »Das tut

mir sehr leid. Ich besorge Ihnen sofort einen neuen Wein.« Diese Dinge sollten vom Service nicht delegiert, sondern möglichst selbst in die Hand genommen werden.
Der Gast seinerseits sollte Kritik über das Essen möglichst nicht vor den Gästen ausüben. Er sollte aufstehen und dem Service oder dem Koch persönlich – außer Hörweite der Gäste – sagen, was ihm nicht passt.
Wenn Sie eine Dame ins Restaurant führen, sollten Sie diese nach alter Sitte fragen, was sie gern essen möchte. Sehr stilvoll ist es, ihr gleich Menüvorschläge zu machen. Der Herr macht dann für Beide die Bestellung. So fühlt sich die Dame wohl versorgt – für die Bedienung ist dies wesentlich leichter, als wenn zwei Personen bestellen würden.

DAS BUFFET

Gerade am Buffet können Sie beobachten, wie Menschen denken. Viele nehmen sich zu viel auf den Teller, halten keinen Abstand zu dem vor ihm Stehenden, meinen, sie würden verhungern, kümmern sich nicht um die Tischdame, nehmen sich einen vollen Teller und essen dann das Essen, das sie sich genommen haben, nicht auf, wissen nicht, dass zu jedem neuen Gang ein neuer Teller genommen wird, usw.
Bei einem Ball beispielsweise gilt die Regel, dass zum ersten Gang jeweils ein Tisch gemeinsam zum Buffet geht. Die Dame hakt sich bei ihrem Tischherrn ein und geht auf der rechten Seite ihres Tischherrn. Sollte einer von ihnen am Buffet auf Bekannte stoßen, ist die Begleitung nicht zu vernachlässigen. Stellen Sie sie Ihren Bekannten vor.
Der Tischherr lässt die Tischdame vor und reicht ihr den Teller. Vielleicht ist er ihr sogar beim Servieren behilflich (sollte jedoch Personal am Buffet stehen, ist dies nicht Ihre Aufgabe!). Mit der Tischdame zusammen kehren Sie an den Tisch zurück. Nun warten alle, bis der ganze Tisch versorgt ist und fangen dann erst an zu essen.

DAS GESPRÄCH BEI TISCH

Beim Tischgespräch sollten ernste, traurige und aufregende Vorkommnisse sowie erschütternde Ereignisse vermieden werden. Das Gespräch ist heiter, leicht und wohltuend, um das Essen zu genießen und, um es gut verdauen zu können. Krankheitsgeschichten, Politik, Religion, soziale Probleme sind für den fröhlichen Kreis nicht geeignet. Fachgespräche finden kein Echo, denn Entspannung ist angesagt, nicht Kopfarbeit. Gemeinsame Interessen können besprochen werden. Ein gutes Tischgespräch verschönt das Essen außerordentlich – es sollte mehr gepflegt werden.

Gut zuhörende und nicht unterbrechende Gäste sind besonders willkommen. Das Tischgespräch sollte nicht zu laut und auch nicht im Flüsterton sein – ganz zu schweigen vom Sprechen hinter vorgehaltener Hand – das ist in jedem Fall unschön.

Es ist nicht stilvoll, die Speisenfolge oder die Bereitung der einzelnen Gerichte zu kritisieren, sei es nun im guten oder im schlechten Fall. Im Restaurant wird gar nicht über das Essen geredet.

Im Privaten freut sich natürlich der Gastgeber über ein Lob des guten Weines – die Hausfrau über die gute Stimmung der Gäste als auch über das gute Essen, das sie selbst gekocht hat.

DIE TISCHREDEN

Eine Tischrede sollte nicht zu lang oder zu langweilig sein. Anzügliche Abschweifungen verstoßen gegen den guten Ton. Tischreden sollten nach dem Hauptgang gehalten werden und immer mit der Küche abgestimmt sein. Gibt es verschiedene Tischreden, können diese zwischen den Gängen stattfinden.

DAS AUFHEBEN DER TAFEL

Das Aufheben der Tafel gebührt allein der Gastgeberin. Keiner der Gäste darf zuvorkommen oder eine Ausnahme machen. Bis zum Ende des Essens behält die Gastgeberin etwas Essen auf dem Teller, um keinen der Gäste in Bedrängnis zu bringen und zu zeigen, dass der Gast zu langsam isst. Sobald die Gastgeberin den Teller geleert hat, legt sie die Serviette links neben den Teller und erhebt sich. Dies gilt als Zeichen, dass ihr Tischherr ihr nun mit dem Stuhl behilflich sein darf.

EINLADUNG ZU EINEM EMPFANG

Bei einer Einladung zum Empfang darf die Ankunft fünfzehn bis dreißig Minuten später sein. Die stilvollste Art ist jedoch auch hier, möglichst pünktlich zu erscheinen, um bei der Atmosphäre des Events mitzuwirken.

ALLGEMEINE TISCHETIKETTE

DIE SERVIETTE

Die Serviette wird leicht von der linken Seite des Tellers genommen, entfaltet und über das Knie gebreitet, damit sie das Kleid oder den Anzug schützt. Keinesfalls darf sie um den Hals oder durch ein Knopfloch geschlungen werden.

Bei Aufheben des Essens nimmt der Gast seine Serviette und legt sie so links neben seinen Teller. Sie kommt gleich in die Wäsche und muss daher nicht gefaltet werden. Nur die Familienmitglieder legen ihre Servietten zusammen und stecken sie gerollt in ihren eigenen Serviettenring. Wenn die Lady die Serviette neben den Teller legt, bedeutet dies streng genommen, dass ihr Tischherr aufstehen und ihr mit dem Stuhl behilflich sein darf.

DAS BESTECK

Es wird immer von außen nach innen genommen.

Nehmen wir an, dass für ein 3-Gänge-Menü gedeckt wurde. Neben dem Teller liegen rechts und links Messer und Gabel, beispielsweise für den Hauptgang. Dieses Besteck gilt für den 3. Gang. Daneben liegen, weiter nach außen gedeckt, beispielsweise rechts ein Fischmesser und links eine Fischgabel. Dies ist für den 2. Gang gedeckt – ein Fischgericht. Dann liegt ganz rechts außen ein Suppenlöffel. Suppe ist also der erste Gang. Achten Sie bitte darauf, dass Sie nicht mit dem Messer in der Hand sprechen oder in der Luft herum wedeln und Sie das Messer auch nicht in den Mund stecken. Das Besteck wird möglichst weit hinten gehalten. Auch zeigt sich der Experte, ob Sie mit dem Drehen der Gabel zurechtkommen.

DAS BROT

Baguette wird gebrochen, nie geschnitten. Bei Tisch werden kleine Stücke mundgerecht abgebrochen und mit Butter belegt. Bei einer Brotscheibe schneiden Sie die Scheibe durch – eine große Stulle Brot muss zur Hälfte geteilt werden. Bitte vermeiden Sie es, eine große Stulle Brot mit 2 Händen anzufassen und zu essen.

DIE GLÄSER

Gläser werden von rechts nach links verwendet. Manchmal sind sie auch im Dreieck aufgestellt, wobei das Wasserglas vorne steht. Das rechte äußere Glas ist der Wein für den ersten Gang, das weiter nach links stehende Glas der Wein zum 2. Gang usw.
Langstielige Gläser werden immer am Stiel angefasst. Ein Glas sowie eine Kaffee- oder Teetasse wird nie randvoll gefüllt.

DER LÖFFEL

Der Löffel wird leicht mit den Fingern aufgenommen und gehandhabt, nicht etwa mit der ganzen Hand, sondern so, dass Zeige- und Mittelfinger der rechten Hand unten ruhen, der Daumen hingegen an der oberen Griffleiste liegt. Die Spitze und nicht die Breitseite des Löffels wird zum Mund geführt (die Breitseite wird in England zum Mund geführt). Der Löffel darf nur mäßig gefüllt werden, damit nichts von seinem Inhalt in den Teller zurück oder auf die Kleidung fließt. Den Löffel in einer Tasse oder in einer Dessertschale stehen zu lassen, gehört sich nicht. Sollte die Dessertschale jedoch keinen Unterteller haben, müssen Sie den Löffel in der Schale lassen.

DIE TASSEN

Kaffeetassen (auch große Tassen – »Mugs« – genannt) werden nicht mit der ganzen Hand oder mit zwei Händen angefasst – immer nur am Henkel. Kaffeelöffel sind nur zum Umrühren gedacht. Vermeiden Sie bitte laute Umrührgeräusche.

DER WEIN

Wenn aus einem neuen Weinglas getrunken wird, darf das alte nicht mehr geleert werden. Der Gastgeber bestimmt, wann der nächste Wein zum nächsten Gang getrunken wird. Solange dieser Wein getrunken wird, darf natürlich jeder zu seiner Zeit trinken. Das Weinglas wird mit der rechten Hand gefasst und zwar stets am schlanken Teil des Fußes, nicht am Kelch. Ist ein Glas während des Essens umgefallen, so wird diese Tatsache und peinliche Situation am besten beiderseits, das heißt vom Gastgeber als auch vom Gast, so ruhig wie möglich behandelt bzw. ignoriert. Eine rasch aufgelegte Serviette verdeckt den Fleck auf dem Tischtuch. Hier zeigt sich die wahre Größe des Gastgebers.

DAS ANSTOSSEN

Das Glas wird lediglich angehoben. Dann wird einander zugenickt. Das Anstoßen gilt nur in besonders persönlichem Rahmen.

DAS SEKTGLAS

Der Begrüßungs-Cocktail oder das Sektglas vom Empfang wird nicht mit an den Tisch genommen. Es gehört (auch wenn nicht ausgetrunken) auf einen nebenstehenden Tisch oder auf ein Tablett.

DER ALKOHOLKONSUM

Männer äußern sich sehr kritisch über angetrunkene oder betrunkene Frauen. Sie möchten die Lady gern in Verbindung mit Zu-

rückhaltung und Contenance sehen. In meinen Seminaren äußern sich die Männer ganz besonders negativ über Frauen, die rauchen und trinken.
Eine Führungskraft repräsentiert die Firma – auch am Abend. Daher sollte Contenance im Alkoholkonsum gewahrt sein.

SALATBLÄTTER

Sie werden nicht geschnitten, außer, wenn es sehr große Blätter sind, die sich nicht falten lassen.

HUMMER, MUSCHELN, KREBSE UND AUSTERN

Diese dürfen auch mit den Fingern gegessen werden. Deshalb steht oft eine Fingerbowle auf dem Tisch, um sich die Finger sauber machen zu können. Die Fingerbowle besteht aus einem Schälchen mit Wasser und einer Scheibe Zitrone. Sie wird heutzutage eher selten serviert und öfter missverstanden. Das Wasser der Fingerbowle ist weder zum Tisch abputzen gedacht noch wird es ausgetrunken. Einige Restaurants bieten feuchte Tücher an, mit denen sich die Gäste die Finger abwischen können. Dies liebe ich besonders sehr.

HUMMER

Das Fleisch des Hummers schmeckt in der Winterzeit besonders zart. Heutzutage wird der Hummer fast immer in der Küche zubereitet, so dass Sie keine Sorge vor dem anstrengenden Zerlegen zu haben brauchen. Zu einem Hummer gehört eine Hummerzange und eine Hummernadel. Diese liegt beim Besteck. Die Hummerzange ist lang und kräftig wie ein Nussknacker, während die Hummernadel zweizackig, lang und schmal ist. Zum Hummer werden verschiedene Soßen für das Fleisch serviert. In diese dürfen Sie das herausgenommene Fleisch tunken.
Die Hummerscheren werden in der Mitte mit der Hummerzange durchgeknackt und mit den Fingern an beiden Enden gezogen. Damit wird der Panzer vom Fleisch gelöst. Dann wird die Hum-

mernadel genommen und damit das restliche Fleisch herausgezogen. Es sollte nicht versucht werden, mit der Hummernadel das Fleisch aus den Beinen zu ziehen. Hier hilft nur, das Bein mit den Händen zu brechen und auszulutschen. Dezente Geräusche lassen sich hierbei nicht vermeiden. Für den Hummerschwanz wird kein Spezialbesteck benötigt. Mit dem Vorspeisenbesteck wird das Fleisch aus dem Schwanz des Tieres herausgelöst und direkt aus dem Panzer gegessen. Oder es wird das Schwanzende, das den Hauptteil des Tieres ausmacht, herausgelöst, bevor es mit Messer und Gabel verspeist wird. Sind die Hummerscheren schon vom Koch geöffnet, wird das Fleisch durch den Gebrauch der Hummernadel herausgelöst. Sie liegt meist auf der rechten Seite des Gedecks.

AUSTERN

Zu den Austern gibt es eine Austerngabel. Sie ist klein und dreizackig. Sie wird beim Gedeck schräg rechts neben das Messer des darauf folgenden Gangs gelegt. Austernbrecher und Austernhandschuhe haben bei Tisch nichts zu suchen. Sie werden in der Küche benötigt.

Bei Tisch wird eine Auster in die linke Hand genommen und mit der Austerngabel der Bart von der Schale abgelöst, also die Schließstelle, an der die Auster angewachsen ist. Entweder wird die Auster mit der Gabel aus der Schale genommen und das Austernwasser hinterher getrunken, oder die Auster wird mit dem Wasser ausgeschlürft.

MUSCHELN

Für Muscheln können Austerngabeln nicht verwendet werden. Hier werden die Hände und normales Besteck eingesetzt. Aus einer Muschelschale wird mit Hilfe der eingedeckten Gabel das Fleisch herausgeholt. Danach wird die leere Muschelschale als Zange genutzt, um die weiteren Tiere zu essen. Geschlossene Muscheln legt man zusammen mit den leeren Muschelschalen auf einen weiteren Muscheltellet. Der Sud wird mit dem Suppenlöffel gegessen, der auch eingedeckt ist.

KREBSE

Hier wird genauso vorgegangen. Mit der Hand werden die Krebse geknackt, oder es werden Messer und Gabel benutzt.

DIE SITZ- UND TISCHORDNUNG

Eine Sitzordnung soll, sei es im privaten oder im geschäftlichen Rahmen, eine gute Atmosphäre, interessante Gespräche, Vermeidung von Konflikten und den Kontaktaustausch herstellen. Es ist nicht leicht, eine aus so viel verschiedenen Persönlichkeiten bestehende Tischgesellschaft richtig zu platzieren, so dass jeder einzelne den passenden Anschluss findet und nicht nur hinsichtlich der Speisen, sondern auch in Bezug auf das noch wichtigere gesellige Beisammensein, ein denkwürdiges Essen erlebt. Hier muss die Gastgeberin ihre ganze Kunst, all ihre Menschenkenntnis und ihr Taktgefühl aufbieten, damit schweigsame Gäste, aufmunternde Gesellschaft und redselige Naturen gute Zuhörer finden. Menschen, die wenig gemeinsame Interessen oder geringes Anpassungsvermögen besitzen, sollten nicht zusammengesetzt werden, am allerwenigsten jedoch solche, die gegenseitig eine gewisse Antipathie empfinden. Auch sollte sich die Gastgeberin überlegen, wer Allergiker oder Vegetarier ist und deshalb Vorsorge treffen.
Der Hauptgast muss geehrt werden und, falls es geschäftliche Gespräche sind, diese zum Erfolg führen.
Grundsätzlich ist am Tisch »oben«, wo der Gastgeber/Kundenbetreuer sitzt bzw. wo sich die beiden Gastgeber/Kundenbetreuer gegenübersitzen. Das ist entweder die Tischmitte oder es sind die beiden Schmalseiten eines langen Tisches.

Es gibt die »deutsche« und die »internationale« Tischordnung, auch »diplomatische« Tischordnung genannt. Der Unterschied liegt in der Platzierung des ranghöchsten männlichen Gastes, der nach deutscher Tischordnung links von der Gastgeberin sitzt, nach internationalem Reglement dagegen rechts von ihr.
Der beste Platz ist rechts vom Gastgeber und/bzw. rechts von der Gastgeberin. Der zweitbeste links von den beiden, je nach Tischform auch direkt gegenüber.

WAS TUN BEI MEHREREN WICHTIGEN GÄSTEN?

Die Gäste werden ihrer Rangfolge entsprechend von oben, d.h. vom Gastgeber oder von den Gastgebern weggesetzt. Die ranghöchsten Gäste sitzen also am nächsten bei den Gastgebern, die Rangniedrigsten am weitesten von ihnen entfernt. Der Rang lässt sich also recht gut an dem Platz messen, der ihm bei Tisch zugeordnet wird. Diese Hierarchie wird bei langen, schmalen Tafeln besonders deutlich. Bei ganz großen Anlässen ist es deshalb ratsam, statt eines großen, mehrere kleine, Tische zu nehmen.
Damit es keine umständliche Sucherei gibt, ist es empfehlenswert, bei großen Einladungen und offiziellen Feiern Tischkarten als auch ein Placement zu verwenden.
Um die korrekte Tischordnung aufzustellen, werden folgende Faktoren berücksichtigt:

- Die Räumlichkeiten, die zur Verfügung stehen als auch die Form der Tafel: Lange Tafel, runde Tafel, Hufeisentafel, Kammtafel, Tafeln mit Gegenüber und Tafeln ohne Gegenüber.
- Die Größe ud Zusammensetzung der Gesellschaft: Damen und Herren, nur Damen, nur Herren, mit oder ohne Ehrengast bzw. Ehrengäste.
- Die Rangordnung der Gäste, d.h. welche gesellschaftliche und berufliche Stellung jeder Gast einnimmt.

DIE SITZORDNUNG IM PRIVATEN KREIS

Die Plätze rechts und links neben der Gastgeberin gelten stets als Auszeichnung. Der Gastgeber pflegt am unteren, die Gastgeberin am oberen Ende des Tisches zu sitzen. Bunte Reihe gilt außerdem als Regel, d.h. insofern immer ein Herr und eine Dame ein Tischpaar bilden. Verlobte Gäste dürfen nebeneinander platziert werden. Verheiratete Gäste werden getrennt und noch in Sprechweite platziert. Eine gute Gastgeberin überlegt sich vorher, welche Gäste mit dieser Sitzordnung Schwierigkeiten haben könnten und sich sicherer fühlen, wenn sie neben ihrem Partner sitzen. In diesem Fall organisiert die Gastgeberin die Sitzordnung so, dass das Paar beieinander sitzen kann (und sei es am gleichen Tisch). Da Namenskarten die Gedecke bezeichnen, so ist ein unliebsamer Irrtum kaum zu befürchten. Verpönt ist es, wenn ein Gast vor dem Essen die Tischkarten austauscht. In kleinem Kreis kann auch die Bitte der Gastgeberin die Platzordnung bestimmen. Frauen sollten niemals allein am Tischende platziert werden.
Bei der deutschen Tischordnung sitzt der weibliche Ehrengast gewöhnlich zur Rechten des Gastgebers (er ist somit ihr Tischherr und kümmert sich den ganzen Abend lang um sie – sie ist seine Tischdame).

Heutzutage ist es für die Gastgeber sehr schwierig, eine Sitzordnung zu organisieren, da die Werte, wie pünktliche An- oder Abmeldung, oft nicht mehr eingehalten oder beachtet werden. Auch bei Anmeldungen gibt es plötzliche Absagen.
Kürzlich waren mein Mann und ich bei Freunden eingeladen, die etwa 200 Gäste geladen hatten. Diese Freunde fanden für das eben erwähnte Problem eine gute Lösung:
Jeder zweite Platz eines Tisches wurde mit einer Namenskarte eines Herrn und einer Nummer versehen. Die Plätze daneben waren frei.
Beim Empfang durfte sich jede Frau aus einem Körbchen ein

Nummernröllchen herausnehmen. Sie suchte die Nummer und erhielt dort ihren Platz. Neben ihr saß jeweils ein Herr. Nur ihre Namenskarte fehlte – hierfür musste sie sich bei allen Anwesenden am Tisch vorstellen.

DIE SITZORDNUNG IM GESCHÄFTLICHEN KREIS

Das Protokoll ordnet Personen gemäß ihrer gebührenden Wertschätzung; das Geschlecht hat dabei eine untergeordnete Rolle. Begleitpersonen wird stets der Rang zugewiesen, der dem Partner gebührt.

Das Protokoll bevorzugt meist rechteckige Tische mit klarem Oben und Unten, damit Macht- und Statusunterschiede evident werden. Machtverhältnisse und Gruppenzugehörigkeit spiegeln sich in der Anordnung der Sitzzuteilung wider. Der Orientierungspunkt ist immer der Platz des Vorsitzenden. Im Scheitelpunkt sitzt der Chef. Rechts und links von ihm am Kopf des Tisches sitzen die Vorstandsmitglieder, die wichtigsten Mitglieder des Stabs. Je entfernter sie dem Vorstand sind, desto geringer ihr Wichtigkeitsgrad. In der linearen Kopflinie sitzen die Frauen und Männer mit großer Entscheidungsbefugnis, ums Eck diejenigen mit dem Sachverstand, und in der Linie gegenüber und immer weiter weg, die Personen, die den Handlungsbedingungen am nächsten sind.

Kundenessen finden statt, um Kontakte zu vertiefen oder neue Kontakte zu knüpfen. Also richtet sich die Komposition der Tischordnung so, dass die Menschen miteinander ins Gespräch kommen und sich unterhalten können. Wer wo am Tisch platziert wird, richtet sich nach der Hierarchie der gesellschaftlichen oder beruflichen Stellung.

Am Tisch der Prominenz sitzt der Chef als Gastgeber, an jedem anderen Tisch ein stellvertretender Gastgeber, seine Mitarbeiter.

Bei einer geschäftlichen Einladung gilt heutzutage die «internationale« Sitzordnung. Protokollarisch korrekt ist der beste Platz an einer Tafel für eine Frau rechts neben dem Gastgeber in der Mitte

der Tischlängsseite mit dem Blick in den Raum; der beste Platz wird rechts neben der Gastgeberin reserviert, den beiden anderen Personen gegenüber. Der wichtigste Ehrengast sitzt zur Rechten der Gastgeberin, der zweiwichtigste Ehrengast zur Rechten des Gastgebers, der drittwichtigste Ehrengast zur Linken der Gastgeberin, der viert wichtigste Gast zur Linken des Gastgebers. Je weiter die Gäste von diesem Zentrum entfernt sind, desto geringer ist ihr Status an diesem Tisch.
Bei firmeninternen Jahresessen mit den Mitarbeitenden werden aus der Platzierung neben oder in der Nähe des Chefs Karrierechancen und Beliebtheitsgrade abgelesen.

MIT DEM PARTNER IM RESTAURANT

Wenn Sie als Paar ins Restaurant gehen, lassen Sie bitte den Herrn durch das Restaurant vorangehen und Sie zu Tisch führen. Er wird Ihnen sicher einen guten Platz anbieten:
als Frau erhalten Sie den Platz mit Blick in den Raum, nicht den mit dem Blick zum Fenster. Denn dies ermöglicht es, dass durch das einfallende Licht Ihre Falten und Runzeln betont werden.

WEITERE OPTIMALE SITZPLÄTZE FÜR EHRENGÄSTE

Der optimale Sitzplatz für einen Ehrengast im Restaurant ist folgender:

- hinter ihm eine ruhige Wand.
- den Blick ins Restaurant, damit er den Überblick behält.

DER SITZPLATZ IM TAXI

- der Ehrengast sitzt hinter dem Chauffeur (in Japan sitzt der Chauffeur rechts).
- der zweit wichtigste Gast sitzt hinten neben dem Ehrengast.
- der dritt wichtigste Gast sitzt neben dem Chauffeur.

DIE BEDEUTUNG DER SITZORDNUNG AN KONFERENZTISCHEN

Die Entfernung der sitzenden Personen ist Ausdruck ihrer mehr oder minder großen Distanz. Sitzt ein Mitarbeiter mit Freiraum zu seinen Kollegen am Besprechungstisch, so soll dieser Freiraum mit Respekt gefüllt werden (mehr Macht, höherer Rang). Gleichgestellte Personen oder untergeordnete Gruppen rücken enger aneinander und verzichten auf territoriale Distanz. Sie sitzen in einem Kreis oder in einer Linie. (Betonung einer gemeinsamen Front).
Das Sitzen vis-à-vis, Blick in Blick, bedeutet, dass man/frau sich ganz dem Gegenüber widmet. Ziel: sich der Sache konfrontieren. Diese Sitzanordnung hat frontalen Einschüchterungscharakter.
Entspannter sitzen die Teilnehmer im 90-Grad-Winkel am Tisch. Statt im Büro ist es oft besser, sich an einem neutralen Ort zu treffen. Das Sitzen über »Eck« eröffnet einen großen Spielraum von Verhaltensmöglichkeiten. Die Gefahr einer Verhärtung des Gesprächs wird vermieden. Ein freier Gedankenaustausch und das Bewahren der eigenen Linie ist möglich.

DAS AUFTRETEN BEI EINEM BALL

Ein Ball ist immer ein wichtiges Ereignis – viele Gäste freuen sich auf ein stilvolles, rauschendes Fest. Wer hier als ungehobelt auffällt, tut sich und den anderen keinen Gefallen. Die folgenden Regeln gelten für den Ballbesuch:

DIE KÖRPERPFLEGE

Der ganze Stolz, das »große« Abendkleid zum Beispiel, nützt wenig, wenn die Zähne, die Hände oder die Haare ungepflegt sind. Achten Sie darauf, sich vorher zu duschen, sich die Zähne zu putzen, Pfefferminzbonbons einzustecken, die Beinhaare zu rasieren und leicht geschminkt aus dem Haus zu gehen. Viele Menschen haben eine sehr empfindliche Nase und freuen sich über gepflegte Gäste.

DAS TASCHENTUCH

Eine Frau sollte ein Stofftaschentuch benutzen. Sollte sie ihr Taschentuch vergessen haben, freut sie sich sehr, wenn ihr männlicher Begleiter ein zweites sauberes Stofftaschentuch für sie dabei hat.

DIE ALTE SCHULE

Viele Frauen wünschen sich immer noch einen Kavalier, der aufmerksam ist, ihnen zum Beispiel die Tür aufhält, ihnen den Vortritt lässt oder ihr beim Hinsetzen den Stuhl heran schiebt. Wenn der Tischherr sehr ungünstig sitzt, darf auch der andere neben der Dame sitzende Herr ihren Stuhl zurechtrücken.

DIE ABENDHANDSCHUHE

Diese können den ganzen Abend lang getragen werden. Ausnahme: zum Essen werden Abendhandschuhe ausgezogen.

DIE GARDEROBE DER FRAU

Wenn Sie ein Abendkleid kaufen – im Falle des Wiener Opernballes ein »großes« Abendkleid bei der Dame, Frack beim Herrn – dann überlegen Sie nicht nur, wie Sie damit aussehen, sondern ebenfalls, wie Sie damit zu Ihrem Partner passen.

Bei anderen Bällen ist auch eine Gesellschaftsuniform sehr elegant. Die Organisatoren sollten jedoch vorher gefragt werden, ob dies gewünscht ist. Schulterfrei bei Tisch zu erscheinen, zeigt Stillosigkeit. Ein Jäckchen oder ein Schal wird erst bei Beginn des Tanzes abgelegt.

Im Gegensatz zum Herrn ist die Dame in der Wahl der Garderobe kaum eingeschränkt. Folglich kann sie ihrer Phantasie nahezu freien Lauf lassen, solange sie sich dem Rahmen des Abends anpasst. Bei der Auswahl des Rockes/Kleides ist daran zu denken, dass der Rock/das Kleid ausreichend weit ist, falls auf der Tanzfläche große Schritte gemacht werden.

Ob Groß oder Klein hängt von der Balleinladung ab – hier ist der erwünschte Dresscode für den Herrn vermerkt. Bei »Frack« steht

»White Tie« oder »Cravatte Blanche«. Die Dame greift hier zur Ballrobe bzw. zum großen Abendkleid.
Zum Smoking steht auf der Einladung »Black Tie«. Hierzu gehört ein »kleines« Abendkleid.
Das große Abendkleid oder die Ballrobe ist ein bodenlanges Abendkleid mit/ohne Corsage mit einem weitschwingenden Rock, in dem die Dame gut Walzer tanzen kann. Hierzu trägt die Dame den schönsten/echtesten Schmuck. Ein großes Abendkleid wird beispielsweise zum Wiener Opernball angezogen.
Das kleine Abendkleid ist ein normales Abendkleid, das knöchellang oder dreiviertellang ist. Absolut tabu sind Strümpfe, die als solche zu erkennen sind, beispielsweise mit Musterung. Seidenstrümpfe werden getragen, egal, wie warm es ist. Außerdem machen Seidenstrümpfe ein schöneres Bein.
Zum Abendkleid gehört entweder eine kurze Jacke oder ein bodenlanger Mantel. Ein großes schönes Wolltuch oder eine Pelzstola können den Mantel ersetzen. Abendjacken, Stolen oder Capes gehören zum Kleid und werden nicht in der Garderobe abgegeben. Ich nehme immer 2 Paar Schuhe mit – eines zum Tanzen, das andere für die Straße. In der Garderobe wechsle ich die Schuhe.

DAS TANZEN

Wird eine Dame von einem Herrn auf einen Ball ausgeführt, dann ist es selbstverständlich, dass er sie zum ersten Tanz auffordert. Die so genannten Pflichttänze, bei denen der Herr mindestens einmal mit jeder Dame am Tisch tanzen muss, gibt es in dieser Form heute leider nicht mehr. Der Herr sollte allerdings mit jeder Dame am Tisch tanzen, die zu seinem Bekanntenkreis gehört. Wenn ein weiterer Herr Sie als Dame zum Tanzen auffordert, dann bietet es sich an, dass der Herr mit der Partnerin dieses Herren tanzt. Auf keinen Fall sollte die Dame am Tisch allein zurückgelassen werden.
Im Gegensatz zu früher darf heute eine Dame den Herrn zum Tanzen auffordern. Wenn der Herr die Aufforderung zum Tanz ablehnt, sollte er dafür eine wirklich gute Ausrede nennen; alles

andere wäre sehr unhöflich. Die Dame darf einen Tanz einfach ablehnen; sie sollte jedoch der Höflichkeit halber immer einen Grund nennen können. Für Damen und Herren gilt: wenn Sie jemandem einen Korb gegeben haben, dann sollten Sie diesen Tanz/diese Tanzrunde keinesfalls mit einem anderen/mit einer anderen tanzen. Das wäre sehr unhöflich. Eine Ausnahme ist natürlich, wenn dieser Tanz schon einer anderen Dame/einem Herrn versprochen wurde. Hier ist der Grund anzugeben.
Wenn eine Dame um einen Tanz gebeten wurde und aufstehen möchte, schiebt der Herr den Stuhl zurück. Die Dame steht auf, und dann schiebt der Herr den Stuhl wieder an den Tisch heran. Nun macht der Herr den Weg zum Gang frei.

AUF DER TANZFLÄCHE

Ich begleite Sie nun gedanklich auf die Tanzfläche. Der Herr führt die Dame durch den Saal und bahnt sich, falls nötig, rücksichtsvoll einen Weg zwischen den Ballgästen hindurch. Er kann der Dame unauffällig den Arm anbieten, die Dame entscheidet jedoch selbst, ob sie sich beim Herrn unterhaken möchte oder nicht. Hoffentlich bietet er ihr den Vortritt auf die Tanzfläche an – nur bei dem Tanz der Quadrille wird er vorausgehen. »Der Herr voraus, der Herr voraus, die Dame hinterdrein, das Ganze noch mal rechts herum, so muss es immer sein!« Bestimmt wird er Ihnen freundlich zunicken und Sie diese Geste erwidern.
Eine Verbeugung seitens des Herrn war bis in die 60-er Jahre eine Selbstverständlichkeit und ist auf festlichen guten Bällen auch heute noch durchaus angebracht. Wenn der Tanzpartner gut tanzen kann und folglich viel Platz auf der Tanzfläche benötigt, dieser jedoch nicht vorhanden ist, dann sollte er sich eher zurückhalten. Er sollte auf einer vollen Tanzfläche nur Figuren und Schrittlängen tanzen, für die der Platz ausreichend ist. Wenn Sie während eines Tanzes mehr als einmal mit einem anderen Paar zusammenstoßen, dann hat Ihr Partner zu große Figuren getanzt oder nicht aufgepasst. In diesem Fall sollte er sich bei dem anderen Paar entschul-

digen. Das gilt natürlich auch, wenn die Tanzpartner einander auf die Füße treten. Derjenige, der sich beim Tanzen vorwärts bewegt, muss den rückwärts Tanzenden bremsen, wenn ein anderes Paar im Weg steht. Trotzdem sollte der Herr die Übersicht über die anderen Tanzpaare haben, damit es erst gar nicht notwendig wird, dass die Dame bei einem Rückwärtsschritt bremsen muss, um zu verhindern, dass Sie mit einem anderen Paar zusammenstoßen. Hier sollte sich der Herr dem Können und den Vorlieben der Dame anpassen. Auf dem Parkett gilt: Nicht der Stärkere hat Vorrang sondern der, der weniger kann. Ellbogen-Techniken beim Walzertanzen werden von anderen Tänzern nicht gedankt. Sollte der Herr einmal ein Hindernis übersehen haben, so kann die Dame den Herrn darauf aufmerksam machen.

Der Herr sollte bei der Wahl seiner Schrittlängen auch darauf achten, dass die Dame mithalten kann und bei zu großen Schritten nicht von einem eng geschnittenen Kleid oder Rock behindert wird. Es macht keinen guten Eindruck, eine Dame zu einem Tanz zu überreden, den sie eigentlich nicht mag. In dem Falle ist eine kleine Tanzpause sicher ratsam. Auch, wenn der Herr der Dame eine Figur nach der anderen beibringen möchte, obwohl sie einfach nur gern tanzt, ist nicht das Wahre. Auf jeden Fall ist eine korrekte Tanzhaltung angebracht, sofern die Dame nicht näher bekannt ist. Auf einem Ball ist es nicht angebracht, allein auf der Tanzfläche zu tanzen. Zudem sollten nicht zwei Herren oder zwei Damen miteinander tanzen – diese Einschränkung gilt natürlich nicht auf einer formlosen Tanzparty oder in einer Tanzschule.

Auf vielen Bällen umfasst eine Tanzrunde etwa drei bis vier Tänze, die dann auch mit dem Tanzpartner/Tanzpartnerin getanzt werden sollte. Möchte die Dame nicht weitertanzen, sollte sie die Tanzrunde während des Tanzens nicht beenden, sondern immer erst am Ende eines Musikstückes.

Nach einer Tanzrunde führt der Herr seine Dame zurück zu Tisch bzw. an den Ort, an dem er sie zum Tanzen aufgefordert hat oder wohin sie gehen möchte. Das Trennen auf der Tanzfläche ist sehr

unhöflich. Nach jedem Tanz bedankt sich der Herr mit einem freundlichen Zunicken, das die Dame erwidert. Bei Live-Musik wird nach jedem Titel den Musikern kurz applaudiert.
Bei der Rückkehr an den Tisch, rückt der Herr der Dame den Stuhl zurecht und verabschiedet sich.

DAS VERLASSEN DES BALLES

Wenn Sie den Ball verlassen und die Personen an Ihrem Tisch unbekannt sind, dann wird nicht erwartet, dass Sie sich förmlich verabschieden. Ein kurzes und freundliches »Auf Wiedersehen« reicht völlig aus. Haben Sie sich gut mit Ihrem Tischnachbarn unterhalten, dann sollten Sie sich mit einem Händedruck verabschieden. Als Herr stehen Sie dazu auf.

BUSINESSFRAUEN AUF REISEN

Der amerikanische Markt trägt der Zielgruppe der reisenden Geschäftsfrauen schon lange Rechnung. In Deutschland und auch in Spanien wird dieser wichtige Markt noch immer vernachlässigt. 25 Prozent der Gäste sind im Schnitt alleinreisende Geschäftsfrauen. Sie stellen andere Anforderungen an ein Hotelzimmer als ein Mann. Was sich viele Frauen in Hotelzimmern wünschen, sind praktische Ablageflächen, einen Rockbügel und kostenloses Mineralwasser. Sie vermissen kostenlose Wellnessbereiche, Zimmer ohne Teppichboden, Matratzen, die nicht zu weich sind, große Handtücher und eine Roomservice-Karte, die nicht nur Kalorienreiches, sondern auch gesundes Essen beinhaltet. Und sie mögen, wie im »richtigen« Leben, keine dunklen, leeren Hotelflure und keine einsamen Tiefgaragen. Auch über einen Haarfön, der mehr als ein laues Lüftchen verströmt, freuen sich Frauen auf Reisen. Über einen im Bad angebrachten Vergrößerungsspiegel freuen sie sich ganz besonders.

DER AUFENTHALT IM HOTEL

Dünne Wände, spätes Eintreffen und frühzeitiger Aufbruch bedingen rücksichtsvolles Verhalten. Wie ein Zimmer und das Hotel verlassen werden, ist auch die eigene »Visitenkarte«, bzw. die der Firma. Dass Dinge aus dem Hotelzimmer nicht entwendet werden dürfen, ist eigentlich eine Selbstverständlichkeit. Doch ist es immer wieder erschreckend, was mir Hotelbesitzer berichten: es werden Zimmereinrichtungen wie Bilder, Handtücher, Fernseher, Bettwäsche als auch Wasserkessel entwendet.
Beim Betreten des Frühstücksraumes grüßen Sie leicht, ohne einzelne Personen zu fixieren. Wenn Sie an einem großen Tisch Platz nehmen, werden die rechts- und linksseitig sitzenden Tischnachbarn durch eine leichte Verbeugung begrüßt. Das bedienende Personal wird höflich behandelt.

DAS VERHALTEN IM KONZERT, IM THEATER UND IN DER OPER

Statt daß ich einen Konzert-, Theater- oder Operngang geniessen kann, ärgere ich mich oft schon im Voraus über Dinge, die von einigen Mitbesuchern nicht berücksichtigt werden:

- die Mäntel werden in der Garderobe abgegeben und nicht hinter die Stuhllehne gehängt
- eine grobe Unsitte ist das Zuspätkommen des Publikums. Viele glauben, dies ihrem Ansehen schuldig zu sein, finden es vornehmer, nicht pünktlich zu erscheinen und vorzeitig zu gehen. Das ist grundfalsch. Ist eine Verspätung aus verständlichen Gründen unvermeidlich, so sollte leise in den Saal eingetreten und eine Pause abgewartet werden, um sich einen Platz zu suchen
- wenn Sie durch die Reihen gehen, um Ihren Platz zu suchen,

kehren Sie bitte den Aufstehenden und belästigten Zuschauern das Gesicht zu. Dies ist eine Regel, die wenig bekannt zu sein scheint oder häufig außer Acht gelassen wird

- im Konzert weist Beifall in den Pausen eines Stückes auf Unkenntnis hin. Erst nach Ende eines Stückes wird applaudiert – und dies nur dezent
- beim Applaudieren werden nicht beide Hände aneinander geklopft, damit die optimale Lautstärke entsteht. Statt dessen berührt die rechte Hand die linke Handfläche nur mit der ganzen Länge der Finger
- Unterhaltung, Flüstern, Kichern, Bonbonessen und Selbstgespräche während einer Darbietung oder das leise Mit summen sollte unbedingt vermieden werden
- über die Darsteller sollte nicht gespottet werden. Bedenken Sie, dass der Auftritt ihre Existenz bedeutet und sie den Auftritt lange eingeübt haben
- auch gibt es, besonders bei klassischer oder nur fachmännisch verständlicher Musik, gelangweiltes Publikum. Hier verlangt das Gesetz der Höflichkeit ein ruhiges Verhalten mit Rücksicht auf diejenigen, die jeden Ton in sich aufnehmen
- in den Pausen sollte unbedingt das Trinken aus der Flasche vermieden werden. Dies ist äußerst stillos und hat sich leider bei jungen Menschen eingebürgert
- unschicklich ist es außerdem, das Konzert, das Theater oder die Oper während der Vorführung oder in den Pausen zu verlassen. Es ist eine Rücksichtslosigkeit den Vorführenden und Künstlern gegenüber
- der Saal sollte ohne Gedränge verlassen werden.

DANKSAGUNG

Mein besonderer Dank gilt meinem Onkel, Dr. Michael von Eisenhart-Rothe und seiner Frau Kazuko, die mich im Jahr 2009 nach Japan eingeladen und mir viele Schätze und Werte dieses Landes und der Kultur gezeigt haben. Meinem Onkel war es ein Bedürfnis, dass ich viele Eindrücke über die wertschätzenden Umgangsformen in Japan erlebe und diese durch meine Trainings weitergebe. Dort fiel nach mehreren Gesprächen mit weiblichen und männlichen Führungskräften als auch mit Frau Professor Dr. Parissa Haghirian, Internationales Management der Universität Sophia, Tokio, meine Entscheidung, ein Buch über die Frau und Lady im Berufsleben zu schreiben. Ich danke Frau Professor Haghirian und meinem Mann, Heino von der Marwitz, für die intensive Unterstützung. Zudem danke ich allen, die mir bei der Erstellung des Buches geholfen haben, sowie denen, die mich immer wieder dazu ermuntern, Coachings und Seminare über interkulturelle Umgangsformen, Kommunikation und Werte zu geben und mich dabei ermutigen, diesen Weg beherzt mit Freude und Begeisterung, auch in Zukunft weiter zu beschreiten.

DIE MARWITZ-AKADEMIE
AKADEMIE FÜR FÜHRUNG UND WERTE

Vorträge
Seminare
Inhouse-Schulungen
Einzelcoachings
Ausbildung zum Dozenten
Business-Etikette

Die Marwitz-Akademie unterstützt Führungspersönlichkeiten aus Wirtschaft und Zivilgesellschaft darin, eine werteorientierte Kultur zu leben. Die Trainings, Seminare, Konferenzen und Vorträge fordern und fördern den ganzen Menschen. Sie sind geprägt von der Achtung jeder individuellen Persönlichkeit. Den Teilnehmern wird eine solide Grundlage geboten, ihr Selbstverständnis im eigenen Lebenskontext besser kennen zu lernen, um daraus entsprechende Kompetenzen zu entwickeln.

Vermittelt wird der wertschätzende Umgang miteinander, das Gestalten einer positiven Atmosphäre, Möglichkeiten der Erhöhung von Lebensfreude durch Optimismus und ein positives Selbstbild, der Zusammenhang zwischen körperlichem und geistigem Wohlbefinden, die Wertschätzung positiver Aspekte von Beziehungen, die Stärkung der eigenen Identität und des Selbstwertgefühls.

Neben den Kernzielgruppen aus Wirtschaft und Politik werden bewusst auch Entscheider/innen aus Diplomatie, Verwaltung, Medien und Kultur angesprochen, um den globalen Anforderungen gerecht zu werden. Dazu gehört auch die Orientierung an einem moralischen Kompass, denn das ethische Kapital der Gesellschaft schwindet, wenn persönliches Handeln nicht daran ausgerichtet ist. Nur wer als Unternehmen über eine solide Wertebasis verfügt, vermag auch Sinn zu vermitteln.

Durch umfassende und transparente Kommunikation bringt die

Akademie die Ergebnisse ihrer Arbeit und die Kompetenz ihrer Kernzielgruppen auch in andere Netzwerke ein, fördert einen lebendigen Kompetenztransfer über Berufsgrenzen hinweg und erhöht damit die Reichweite und Nachhaltigkeit ihrer Arbeit. Das hier gewonnene Erfahrungswissen wird in die Entwicklung und Profilierung der angebotenen Vorträge, Workshops und öffentlichen Foren eingebunden, in denen sich die Teilnehmer über ihre persönlichen Ziele, beruflichen Aufgaben und die damit verbundene Verantwortung austauschen können.

»Wertebewusste Personalpolitik ist nicht gleichzusetzen mit einer wohltätigen Sozialpolitik. Wenn sich Unternehmen für die Belange der Beschäftigten engagieren, entstehen ihnen dadurch betriebswirtschaftliche Vorteile, denn die Kosten für den Einsatz in den Mitarbeiter sind deutlich geringer als die durch Neubesetzung, Fehlzeiten, Überbrückungszeiten und Fluktuation verursachten Kosten. Mit dem Markenzeichen ‚Führung mit Werten durch die Marwitz-Akademie' profilieren sich Unternehmen nachhaltig auf drei Ebenen: bei Mitarbeitern, weil hiermit eine wertebewusste Führung, eine deutliche Vorbildfunktion und ein Engagement des Unternehmens für eine wertebewusste Unternehmenskultur deutlich wird, bei der Gewinnung qualifizierten Nachwuchses, weil der Einklang von professionellen Interessen und ethischen Bedürfnissen immer stärker die Karriereplanung beeinflusst und bei Kunden, weil dadurch ein wichtiger Imagegewinn als verantwortliches Unternehmen erzielt wird.«

Friederike von der Marwitz,
Gründerin und Leiterin der Marwitz-Akademie

KONTAKTADRESSE

Marwitz Akademie, Akademie für Führung und Werte
Friederike von der Marwitz
Max-Reger-Straße 13
90571 Schwaig bei Nürnberg
Telefon 0911. 54 84 915
Fax 0911. 54 84 910
info@marwitz-akademie.de

Nähere Informationen finden Sie im Internet unter
www.marwitz-akademie.de

Ein Auszug aus den Seminarreihen:
»Warum wir dringend mehr führen müssen!«
»Führung durch Sprache«
»Weiblich im Business – Frauen reden anders«
»Internationale Etikette am Messe-Stand«»
»Internationaler Business-Auftritt – mit Stil zum Ziel«
»Umgangsformen mit Kunden und Gläsern –
Etikette parkettsicher«

Besuchen Sie uns im Internet:
www.marwitz-akademie.de

EIN AUSZUG AUS DEN SEMINARREIHEN

»Warum wir dringend mehr führen müssen!«
»Führung durch Sprache«
»Weiblich im Business – Frauen reden anders«
»Internationale Etikette am Messe-Stand«
»Internationaler Business-Auftritt – mit Stil zum Ziel«
»Umgangsformen mit Kunden und Gläsern –
Etikette parkettsicher«

Marwitz Verlag, Nürnberg
3. Auflage 2011

Umschlaggestaltung: Kitty Kahane
Layout: Dominique Kahane
Printed in Germany
ISBN 978-3-00-035854-8